KB106699

WATER PHYSIOLOGY

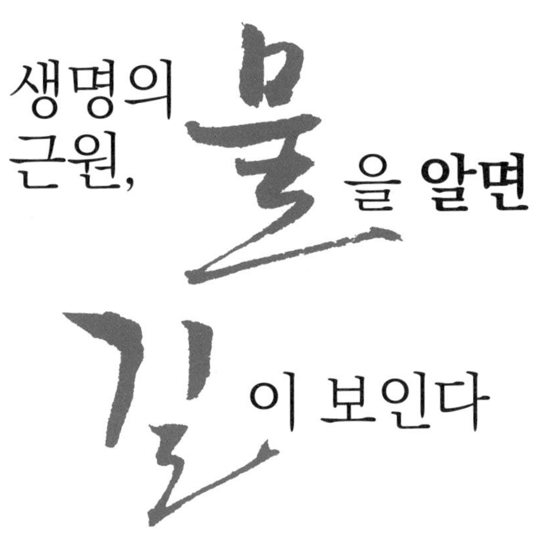

김길호 박사의 물 이야기

새로운 세상의 숲
신세림출판사

생명의 근원,

물을 알면 길이 보인다

목차

1부 건강에 좋은 물 이야기 (Water Physiology)

2부 알칼리 환원수

3부 게르마늄 칠보석 아인수

[1부]

건강에 좋은 물 이야기

(Water Physiology)

| 1부 |

건강에 좋은 물 이야기
(Water Physiology)

1. 물과 건강

우선 건강을 위하여 한마디 조언을 한다면 매일 마시는 물을 의식하라는 것이다. 좋은 물을 가려서 습관적으로 자주 마시라는 얘기다. 식품과학의 관점에서 볼 때 건강의 근원은 물에 있기 때문이다. 아침에 눈을 뜨자마자 물 한 컵을 마시고 하루 일과를 시작하였다면 좋은 습관이며, 마시는 물을 의식적으로 선택하였다면 현명하다고 할 수 있다. 그런데 수돗물을 틀고 바로 마시는 사람은 드물다. 이것은 밤새 파이프 속에 고여있어 좋지 않고 수돗물에 대한 불신도 있어 정수기를 사용한다거나 생수를 구하여 마시고 있다. 그렇다면 어떻게 물을 새롭게 하여 마시는가? 질병과 노화의 관점에서 이야기한다면 주요한 대목이다. 노화는 인체수분의 상실 과정이며 만성질환은 세포탈수에서 비롯되고 있다. 따라서 깨끗하고 안전하다는 만족보다는 인체내에서 물의 역할을 알아차린다면 물을 새롭게 디자인 할 욕구를 느끼게 될 것이다. 물은 인체의 대부분을 차지하고 있으므로 건강 유지와 생리 기능에 큰 영향을 끼칠 뿐만 아니라 우리가 1년에 섭취하는 물은 약 1톤 정도로 평생에 걸쳐서는 엄청난 양이기 때문이다.

물과 건강은 밀접한 관계가 있는데 우선 노화 방지와 각종 질병의 예방으로 요약할 수 있다. 노화란 수분의 상실 과정으로 나이가 들수록 체내의 수분량이 감소하고 건조하여 지는데 이것은 신진대사 기능이 떨어지고 신장기능이 쇠퇴해져 수분의 체외 배설이 많아지기 때문이다. 수분 부족상태가 오래 계속되면 노폐물이 잘 배설되지 않아 체액의 산성화로 항상성의 유지가 어려워져 질병에 노출되기 쉽고 혈액의 농도까지 짙어져 심장병과 뇌졸중 등을 유발한다. 몸 속에는 성인기준 약 42리터~45리터 정도의 물을 지니고 있는데 2.6리터 정도는 매일 보충되어야 하므로 기본적으로 알칼리성을 띠고 있는 물이 좋다. 물의 관점에서 보자면 질병은 체액이 비정상적인 상태에 있음을 뜻하며 이것은 표준학적 의학검사로 알 수 있다.

Item	Intake in Litres
Drinking	1.5
Foods	0.8
Metabolism	0.3
Daily Total :	2.6

Item	Excretion in Litres
Urine	1.5
Faeces	0.1
Sweat	0.2
Skin	0.4
Breath	0.4
Daily Total :	2.6

【출처: Water Physiology Edition151】

물은 일단 체내로 들어오면 소장에서 흡수되어 혈관으로 들어간다. 그리고 혈액이 되고 세포액이 되어서 신체를 순환한 후 체외로 배출된다. 이 과정에서 혈액을 통해 산소와 영양분을 운반하고 체내에 있는 노폐물과 독성물질을 안전하고 빠르게 제거하는 것이 물의 역할이다. 따라서 양질의 수분을 신체에 충분히 공급하면 대사가 원활하여진다. 특히 수분조절 기능이 약한 노년층과 임산부, 술자리가 잦은 사람, 흡연과 스트레스가 많거나 활동량이 많은 사람은 섭취량을 늘려야 하며 적당히 차게 해서 마셔야 좋다. 온도가 낮은 물은 분자구조를 6각 형태로 치밀하게 밀집시키는데 나이가 들면 세포액의 구조성이 흐트러져 생체 조직 밖으로 세포 내액이 빠져나가고 이에 따라 노화현상이 나타나기 때문이다. 따라서 우리가 젊다는 것은 치밀한 6각 구조의 수분함량이 많고 생명활동이 왕성하다는 것을 의미하며 반대로 늙음은 체내 수분 함량이 적고 생명활동이 위축되어 있다고 생각할 수 있다. 식품과 물의 상관관계를 살펴보자면 마시는 물의 중요성을 잘 알 수 있다. 식물은 태양에너지를 이용하여 쉽게 산화할 수 있는 유기화합물을 만들고 동물은 이러한 식품을 산화시켜서 나오는 결합에너지를 취하고 있는데 산화 후에는 반드시 체내가 환원되어야 균형이 유지되므로 알칼리성을 띠고 있는 물은 안전한 산화환원제이다. 산화란 신체가 녹슬어가는 과정이며 음식을 섭취하고 소화한다는 것은 체내에 산성의 노폐물을 남긴다는 것을 뜻하므로 이것을 중화 시키는 범퍼, 즉 매개체가 바로 물의 역할이다.

한편 생체 내에서 모든 영양분의 매개체도 물이다. 즉 물을 통하여 용해되고 전달된다. 다르게 이야기하자면 피는 곧 물이며, 그 속에 녹아있는 영양물질은 생리학적으로는 대사물질로 쓰이고 양자물리학적으로는 물에 정보를 각인시켜 생명활력을 실어나르는 실질적 매체가 되고 있다. 따라서 좋은 식품을 먹으면 그 성분이 물에 기억(Imprint)되고 전사(Transfer)되어 오랫동안 그 영향을 발휘한다. 이것은 식품의 성분과 물의 역할이 상호 보완적임을 알 수 있으며 반대로 부적절한 물은 그 효과를 반감시킬 수 있다. 특히 식품 속의 영양소는 화학적으로 결합된 유기물질이므로 물속의 무기 영양소 미네랄이 참여해야 비로소 생리활성이 발휘되므로 그 경계를 구분 지을 필요가 없다. 따라서 미네랄은 전기적인 성질을 띠고 체내에서 활성을 발휘하기 위하여 수용성의 이온 상태로 녹아있다.

미네랄은 인체의 조율사

1. 신체의 필수성분

미네랄은 신체의 각 부분을 형성한다. 또한 신체 내에서 중요한 기능을 하는 호르몬, 효소, 비타민 등은 미네랄을 구성 성분으로서 함유한다.

2. 물의 균형 조절(삼투압 조절)

혈관이나 세포에 들어있는 물이 세포막을 통과하여 세포 내외로 이동하는 물의 방향과 양은 미네랄의 농도에 의해서 결정된다. 미네랄의 균형이 이루어지지 않는 경우에는 체액의 축적 또는 탈수를 일으킨다.

3. 촉매작용

미네랄은 신체 내에서 일어나는 여러 가지 반응에서 촉매 기능을 한다. 또한 효소의 구성성분으로 반드시 필요하다.

[미네랄농축 물]

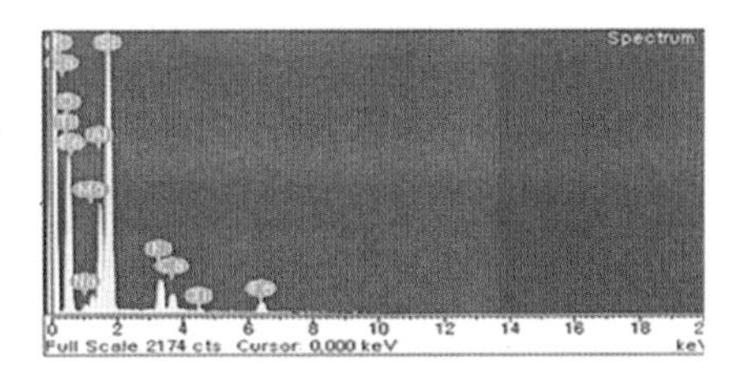

【출처: 웰리빙라이프: 물과 건강의 근본적 환경 Edition72】

흙, 또는 암석에 존재하는 무기미네랄을 섭취할 수 있는 통로는 물이 갖고 있는 가장 위대한 특질중의 하나인 용해력 덕분이다. 따라서 체액 속에 녹아있는 미네랄은 생체의 생리작용을 일으키는 촉매물질로 전구에 비유하자면 Starter와 같다. 반대로 체액이나 혈액에 전리되어 녹아있지 않은 미네랄은 반응을 일으키지 못하고 배설된다. 또 한가지 중요한 역할은 물속에 미네랄이 없으면 에너지 전달과 활성을 기대할 수 없다. 미네랄은 전도체로서 자기 디스켓이나 카세트테이프, 신용카드 등의 자철 성분처럼 (마그네틱=미네랄) 정보를 저장하거나 전달할 수 있는 것과 같은 이치이다. 순수한 물에는 정보를 받아 들일 수 있는 미네랄성분과 금속이온이 없으므로 자장을 이용한 이와 같은 기능은 어렵다. 몸 속에서의 동력은 전해질의 작용과 밀접하기 때문에 예를 들면 칼슘, 마그네슘, 나트륨, 칼륨 등은 막과 막사이의 삼투압을 조절하고 심장의 근육을 움직이며 생체전기를 발생시키고 신경의 자극과 흥분, 전달 등의 작용을 맡고 있다. 예전과는 달리 토양 속의 미네랄 부족은 이러한 토양 속에서 재배된 농작물과 그 풀을 먹은 가축까지도 미네랄 결핍에 노출되어 있다. 요즘은 토질의 산상화를 극복하기 위하여 폐목재를 태운 후 남겨진 재를 비료처럼 사용하여 토질을 알칼리성으로 바꾸어주고 여기서 재배된 작물은 영양과 수확이 좋아져서 토양바이오

숯 공법으로 소개되기도 한다. 따라서 순수한 상태의 물을 매일 마신다면 체내에 있는 미네랄 이온과 필수 미량금속원소의 불균형을 초래하여 건강상 좋지 않다. 미네랄을 섭취할 수 있는 일반적인 방법은 식품을 통하여 해결할 수 있으나 흡수조건이 까다롭기 때문에 주의를 기울려야 하며 결핍증상은 생리활성을 저하시키고 만성질환과 대사증후군을 유발 시킬 가능성이 커진다. 따라서 전문가의 도움을 받아야 하며 물을 통한 섭취량은 영양소로서 한계가 있다. 그러나 물속미네랄의 역할은 그 중요성이 다르다.

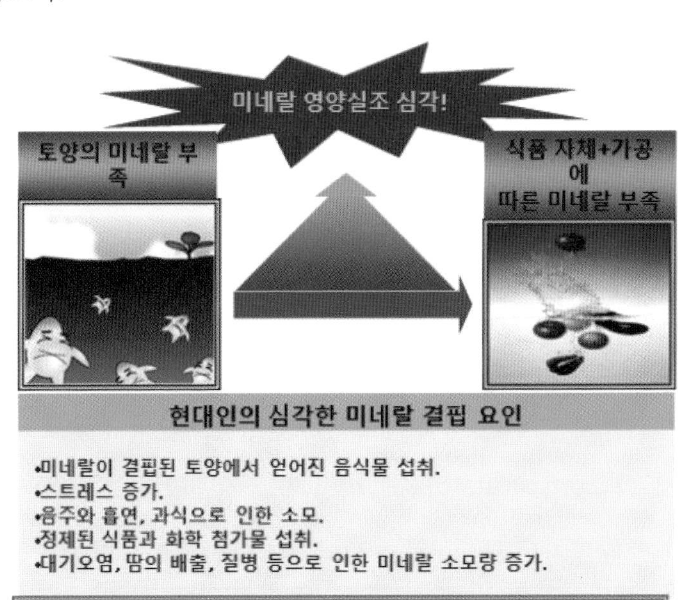

2. 수돗물과 식수

좋은 물을 갖추기 위한 조건들을 알아보자. 한마디로 자연수와 같은 성질이어야 한다. 끓였거나 역삼투압 방식처럼 인공적으로 물이 분리되고 화학물질, 예를 들어 염소가 남아 있으며 오염물질과 녹물 등의 이물질이 섞여 있어서는 안 된다. 물을 끓여 마시면 불휘발성물질(Tox)은 그대로 남아 농축된 상태이며 산소가 사라지고 신선함이 없는 죽은 물이 되어버린다. 미네랄과 산소가 풍부한 물은 에너지를 갖게 되는데 이러한 물은 혈액을 통하여 세포마다 신속하게 산소를 공급하므로 세포에서 산소부족으로 나타나는 증상들을 벗어날 수 있다. 특히 물속의 산소는 발포성이 대기 속의 산소보다 200배 강하므로 점막을 자극하여 미세혈관의 혈류를 촉진시킨다. 세포의 환경을 생각할 때 체내의 신진대사가 저해되고 노폐물이 쌓이는 이유는 산소가 충분치 못한 경우이며, 물을 통한 산소섭취는 호흡을 통한 산소보다 10배 빠르게 직접 세포에 도달한다. 간의 경우도 물속의 산소는 호흡에 비하여 6배 이상 간의 산소량이 증가한다. 따라서 작은 창자의 모세혈관을 통하여 흡수되는 물속의 용존산소 [O2(H2O)n]는 대사과정에 신속하게 작용하므로 매우 중요하다고 할 수 있다. 세포의 수명은 약 4주인데 세포가 살아가기 위한 세포호흡이란 바로 혈액(물)속의 적혈구를 통하여 운반된 산소를 취하는 것이다. 산소가 부족하면 세포의 환경이 어렵게 되어 변이를 일으킬 가능성이 높아지고 질병과 암의 주요단서가 되고 있다. 오염물질은 종류도 많고 그 독성들이 다양하여 그 구체적인 위해를 일일이 설명할 수 없지만 식수에 오염물질이 들어 있다면 물 분자 덩어리의 응집력이 약해져서 이러한 물은 활성이 떨어지고 신체의 저항력도 떨어진다.

산소수를 마시면 (1)

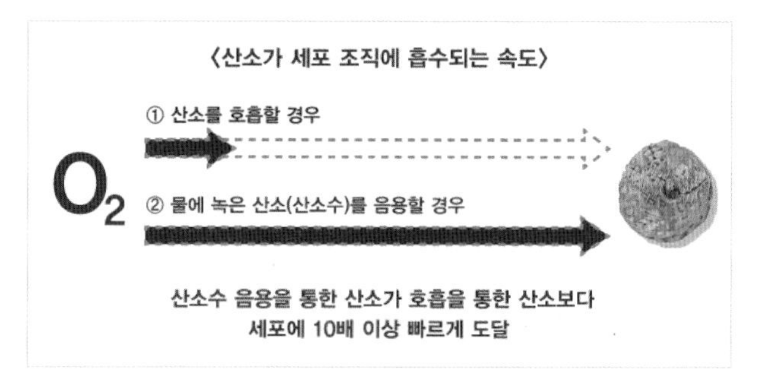

산소수를 마시면 (2)

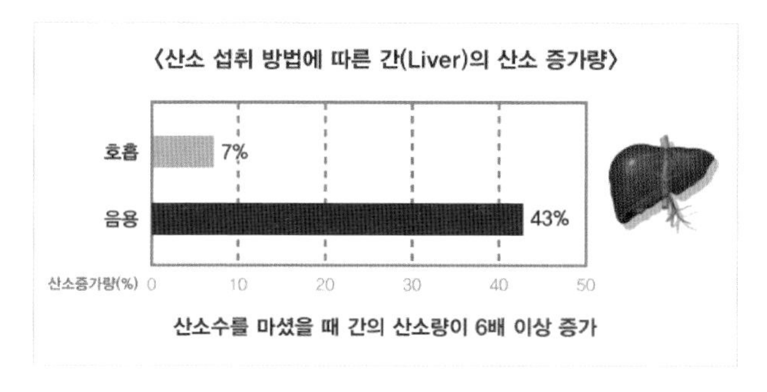

【Dr. Zoital. Literary Review of oxygen therapy (June, 1992)】

독성물질은 눈에 보이는 것도 아니고 쉽게 계량되는 것도 아니어서 미량일지라도 장기간에 걸쳐 축적되면 심각한 장애와 전이를 일으키므로 조심하여야 한다. 화학물질은 체내에서 활성산소를 과잉적으로 발생시키고 이것을 제거하기 위하여 체내에서는 효소와 항 산화제를 대량 소비시키고 있다. 따라서 이를 형성하는 비타민과 미네랄의 충분한 섭취가 필요하다. 미네랄이 물속에 풍부하여야 할 이유는 앞서 잠깐 설명하였으며, 이러한 물은 반드시 알칼리성을 띠고 있다. 반대로 얘기하자면 미네랄이 부족한 물은 산성을 띠고 있다. 그러므로 생명체와 조화로운 물은 미네랄이 풍부한 알칼리수이다. 수질을 생각할 때 수돗물은 손쉽게 얻을 수 있는 안전한 물이다. 개인의 취향도 있겠지만 굳이 배달생수, 근교의 약수 등은 부차적인 식수원이다. 이러한 물들은 산성화 되었거나 위생과 안전성도 고려하여야 하고 지하수의 경우는 경작으로 인한 유기질 오염과 과다한 석회성분도 염려하여야 한다. 수돗물의 정수처리과정에서 살균을 위하여 화학처리에 사용되는 화학물질이 염소(Cl2)이다. 이것은 수돗물 속에 잔류하여 불쾌한 냄새를 남기며 강력한 산화체로 인체에도 좋지 않다. 따라서 간단한 정수 장치로 수돗물을 걸러 마신다면 안전하고 깨끗한 물을 얻을 수 있다. 자연생수란 지표 층을 스며들며 여과되고 지층 속에서 미네랄 성분을 녹여 생명의 원소를 조화시키고 알칼리성으로 환원된 물이다. 자연중력여과 방식은 이러한 물을 얻기 위한 자연적인 시스템이다. 이러한 물은 본래 인간이 갖고 있는 면역력을 높이고 건강 유지를 돕는다. 그래서 우리 조상들은 약수라고 불렀고 좋은 물을 무병장수의 기본으로 여겼다.

도시화와 산업화에 따른 인구의 집중으로 인하여 약수가 아닌 수돗물을 식수로 사용하고 있는데, 천혜의 자연생수를 얻기 위한 적절한 방법이 바로 자연여과 방식이다. 이 방식은 다단계방식(MULTI-LEVEL FILTERRATION)의 여과시스템으로 여기에 사용되는 여과재료는 천연 물질을 사용하여야 물의 상태를 본래의 자연수로 살릴 수 있다. 또한 정수기는 일회성의 제품이 아니기 때문에 제품의 품질수준, 사용방법과 편리성, 가격, 가족 수에 맞는 적합한 용량, 설치공간, 필터의 교환과 내부청소의 용이성, 애프터서비스 체계 등을 꼼꼼히 살펴보아야 한다. 그리고 전문성이 있는 업체인가를 가려 봐야 하며 경제성도 고려하여야 한다. 그러나 마시는 물의 기준(Standard for Drinking water)을 고려할 때 값비싼 제품들이 대부분인데 이것은 마치 골목에서 탱크로 중무장하는 것처럼 비경제적이고도 사치스런 선택을 하는 셈이다.

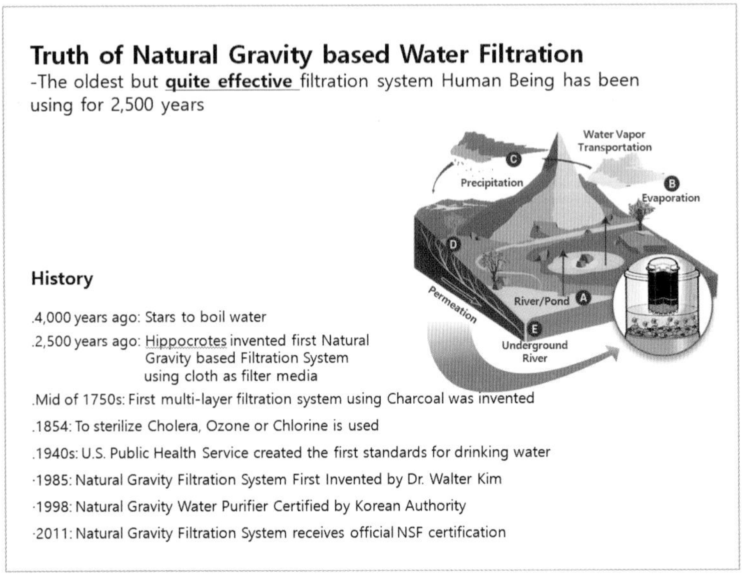

Truth of Natural Gravity based Water Filtration
-The oldest but **quite effective** filtration system Human Being has been using for 2,500 years

Water Vapor Transportation
Precipitation
Evaporation
River/Pond
Permeation
Underground River

History

.4,000 years ago: Stars to boil water
.2,500 years ago: Hippocrotes invented first Natural Gravity based Filtration System using cloth as filter media
.Mid of 1750s: First multi-layer filtration system using Charcoal was invented
.1854: To sterilize Cholera, Ozone or Chlorine is used
.1940s: U.S. Public Health Service created the first standards for drinking water
·1985: Natural Gravity Filtration System First Invented by Dr. Walter Kim
·1998: Natural Gravity Water Purifier Certified by Korean Authority
·2011: Natural Gravity Filtration System receives official NSF certification

【출처: The Water in Your Body Edition152】

3. 물속 미네랄의 역할

앞서 좋은 물의 기본적인 조건들을 살펴보았다. 물속에 녹아 있는 미네랄의 중요성이 특히 핵심을 이루고 있는데 일부 사람들은 이 사실을 가볍게 여기고 있다. 한마디로 미네랄이 풍부한 물이 생체에 조화로운 물이라고 할 수 있다. 예를 들어 보자. 담배를 태우면 재가 남는다. 태워지지 않고 남는 성분을 무기물이라고 하며 이것이 바로 광물질(미네랄)이다. 알칼리(Alkali)라는 말은 옛날 아라비아인들이 '태우고 남은 식물의 재' 즉 미네랄을 표현하는 말이다. 증류수나 산성을 띠고 있는 물에 담뱃재를 조금만 섞어도 알칼리성으로 즉시 바뀌는 것을 시약반응을 통하여 알 수 있다. 물은 자연상태에서 미네랄이 녹아 있어야 알칼리성으로 변한다. 물은 기본적으로 음(-)의 성질을 띠고 있으므로 양(+)의 성질을 띠고 있는 미네랄이 참여해야 비로소 자유롭게 흩어져 있는 물 분자들이 미네랄을 중심으로 구조를 형성할 수 있다. 집을 지을 때 기둥과 서까래가 있어야 구조를 이룰 수 있는 이치와 같다.

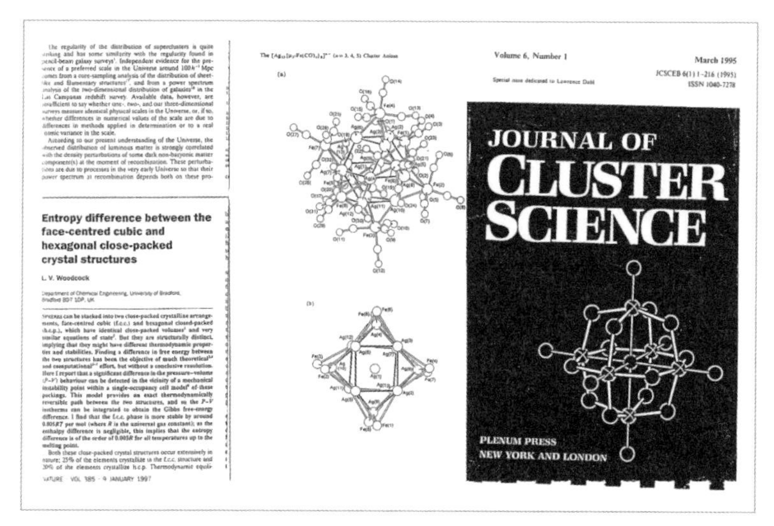

The regularity of the distribution of superclusters is quite striking and has some similarity with the regularity found in pencil-beam galaxy surveys[1]. Independent evidence for the presence of a preferred scale in the Universe around $100h^{-1}$ Mpc comes from a core-sampling analysis of the distribution of sheet-like and filamentary structures[7], and from a power spectrum analysis of the two-dimensional distribution of galaxies[8] in the Las Campanas redshift survey. Available data, however, are insufficient to say whether one-, two-, and our three-dimensional surveys measure identical physical scales in the Universe, or, if so, whether differences in numerical values of the scale are due to differences in methods applied in determination or to a real cosmic variance in the scale.

According to our present understanding of the Universe, the observed distribution of luminous matter is strongly correlated with the density perturbations of some dark non-baryonic matter component(s) at the moment of recombination. These perturbations are due to processes in the very early Universe so that their power spectrum at recombination depends both on these pro-

Entropy difference between the face-centred cubic and hexagonal close-packed crystal structures

L. V. Woodcock

Department of Chemical Engineering, University of Bradford, Bradford BD7 1DP, UK

Spheres can be stacked into two close-packed crystalline arrangements, face-centred cubic (f.c.c.) and hexagonal closed-packed (h.c.p.), which have identical close-packed volumes[1] and very similar equations of state[2]. But they are structurally distinct, implying that they might have different thermodynamic properties and stabilities. Finding a difference in free energy between the two structures has been the objective of much theoretical[3,4] and computational[5-7] effort, but without a conclusive resolution. Here I report that a significant difference in the pressure–volume (P–V) behaviour can be detected in the vicinity of a mechanical instability point within a single-occupancy cell model[8] of these packings. This model provides an exact thermodynamically reversible path between the two structures, and so the P–V isotherms can be integrated to obtain the Gibbs free-energy difference. I find that the f.c.c. phase is more stable by around 0.005RT per mol (where R is the universal gas constant); as the enthalpy difference is negligible, this implies that the entropy difference is of the order of 0.005R for all temperatures up to the melting point.

Both these close-packed crystal structures occur extensively in nature; 25% of the elements crystallize in the f.c.c. structure and 20% of the elements crystallize h.c.p. Thermodynamic equili-

NATURE · VOL 385 · 9 JANUARY 1997

Volume 6, Number 1

March 1995

JCSCEB 6(1) 1-216 (1995)

ISSN 1040-7278

Special issue dedicated to Lawrence Dahl

JOURNAL OF CLUSTER SCIENCE

PLENUM PRESS
NEW YORK AND LONDON

【Articles on Hexagonal Water】

칼슘이온(Ca++)을 비롯된 양이온계의 미네랄들은 각각의 고유한 생리활성의 역할 외에도 물의 분자 덩어리를 치밀하게 구조화 시키는 중요한 구조형성 이온들이다.

물속의 미네랄	우리 몸속의 미네랄
물을 알칼리성으로 바꾸어주는 역할	우리 몸의 성장과 유지에 반드시 필요한 영양소
활성수소를 분자 상태로 안정화하는 역할	몸속 에너지 이동의 전달자
물속의 유기물질과 중금속 흡착 및 제거	미네랄 농도에 의해 체액의 균형조절
물의 구조를 치밀하게 구조형성, 물맛을 맛있게	체내 화학작용의 촉매역할
환원력을 높이는 촉매작용	효소의 구성성분이며 효소를 움직이는 주체
물의 전도도를 높여주는 작용	몸속 생체전기를 생산

【미네랄의 역할】

그 다음으로 미네랄이 중요한 이유는 노폐물의 청소이다. 우리 몸 속의 모든 살아있는 세포는 노폐물을 만든다. 우리가 살아간다는 과정은 바로 영양을 취하고 산화과정을 통하여 에너지를 얻는 것이며, 그 결과 남기는 것이 노폐물이다. 이 반복의 정도와 차이, 그리고 어디에 폐기물이 쌓였느냐가 질병의 급소가 되고 있으며, 노화의 과정이다. 우리 몸의 세포는 약 4주 동안의 신진대사 후에 죽어가는데 이 역시 노폐물이며, 혈액을 통하여 운반되어 바이러스와 백혈구 사체, 여러 가지 산성 노폐물 등과 함께 소변과 땀을 통하여 배설된다. 이러한 노폐물은 유기화합물로 산성을 띠고 있으므로 당연히 알칼리성 해결사의 중화노력이 필요하다.

따라서 알칼리성의 물을 지속적으로 마셔야 되는 첫 번째 이유도 여기에 있다. 그런데 아주 중요한 사실이 있다. 유기물은 자활능력(Self-activation)이 없으므로 이러한 노폐물을 체외로 배설하기 위해서는 파트너가 필요하다. 즉 스스로 움직이거나 반응하지 못하므로 인도자와 동반자가 있어야 가능하다. 그것이 바로 물속에 녹아 있는 무기광물질, 즉 미네랄의 역할이다. 다시 예를 들어보자. 바닷물에 영양물(유기물)이 유입되면 부영양화 현상을 일으킨다. 대표적인 영양물로는 우리가 사용하고 있는 유기합성세제 같은 성분들과 영양물의 찌꺼기들이다. 이 경우 물속의 산소가 엄청나게 소모되면서 플랑크톤이 이상 증식하고 미생물에 의한 유기물의 분해생성물의 증가로 바닷물은 오염되고 붉게 변해가므로 이러한 부영양화 현상(Eutrophication)을 적조라고 한다. 이것은 일일이 필터로 거를 수도 없고 막을 수도 없지만 아주 간단한 방법이 있다면 황토를 싣고 가서 바다에 뿌리는 것이다. 황토는 바로 흙 속의 성분, 즉 미네랄(무기질)이며 분해생성물은 유기질이므로 미네랄은 유기물과 흡착 결합하여 바다 밑으로 침전되므로 바닷물을 정화시킬 수 있는 것이다.

따라서 혈액을 정화하기 위해서는 알칼리성의 미네랄이 풍부히 녹아있는 물이 필요하다. 그런데 아주 안타까운 사실은 이러한 과학적 사실을 무시하고 역삼투압방식으로 걸러지거나 증류방식으로 걸러져서 물속에 미네랄이 전혀 남아있지 않는 증류수와 같은 상태의 순수한 물을 마시는 경우이다. 정수효과를 고려하여 일시적으로 마시는 것은 상관이 없지만 매일같이 상용수로, 그것도 노약자와 임산부, 어린아이 등이 포함된 온 가족이 마신다는 것은 지혜롭지 못하다고 할 수 있다. 이것은 마치 빈대를 잡기 위해 초가삼간을 태우는 것과 같은 어리석은 판단이다. 미네랄의 결핍상태는 건강유지에 심각한 사안으로 대부분 그 위해성을 잘 깨닫지 못하고 있다. 물속에 이온화되어 있는 무기 미네랄은 인체에 아무런 해가 없지만 마치 불필요한 고형성분, 즉 불순물처럼 순수한 물과 대비하여 이분법적으로 오도를 하고 있다.

다음으로 고려해야 할 점은 미네랄 섭취시의 균형(Balance)이다. 우리 몸은 한쪽으로 치우친 것은 싫어한다. 전기로 분리된 알칼리수에는 음이온계의 미네랄이 전혀 없으므로 보충이 필요하다. 즉 전기분해된 알칼리수는 음(-)극성이므로 양이온계의 미네랄만 모이고 산성수는 양(+)극성이므로 음이온계의 미네랄들이 모여 분리된다. 그 중에 대표적인 원소들이 규소(Si-), 인(P-), 염소(Cl-), 요오드(I-)등이다. 우리 몸은 이러한 음이온계의 미네랄도 필요하다. 예를 들어 위장 벽에서 강력한 소화액인 염산을 만들 때의 재료가 바로 염소이온이다. 또한 인의 경우는 칼슘 다음으로 신체에 많이 함유되어 있는 무기질로 골격과 치아 형성에 필수적인 음이온계 미네랄이다. 한마디로 인이 부족하면 뼈가 만들어지지 않는다.

사실은 골다공증의 원인도 뼈에 있지 않고 혈액에 달려있다. 즉, 뼈는 미네랄의 저장고이며 언제든 필요할 때 꺼내어 쓸 수 있는 캐시뱅크와 같다. 혈액에는 항상 4mg/L의 칼슘이온이 녹아있어야 체액의 항상성(Homeostasis), 즉 생체내의 면역력과 산염기 평형의 균형이 유지되는데, 이 균형이 깨지면 저항력이 떨어져서 흔한 바이러스조차 이기지 못하고 감기에 쉽게 걸리게 되므로 우리 몸은 혈액 속에 칼슘이온이 부족하면 수시로 뼈에서 칼슘을 뺏어서 쓸 수밖에 없다. 특히 고지방과 고단백질의 섭취가 늘어갈수록, 과식과 산성식품 섭취가 많아질수록 칼슘의 소모는 심해지고 과로와 스트레스의 경우는 더욱 그 소모를 가중시킨다. 따라서 칼슘이 본래의 역할인 항상성 유지에 쓰이지 못하고 위와 같은 이유로 산성화된 노폐물 제거에 소모되므로 뼈에서 칼슘 이탈을 막기 위해서는 칼슘이 풍부히 녹아 있는 알칼리성의 미네랄 워터를 꾸준히 마시는 것이 얼마나 현명한지 이해할 수 있을 것이다.

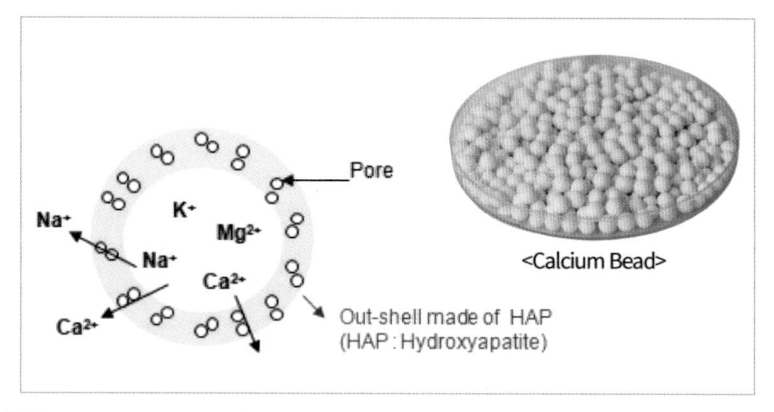

【Fabrication Process of Cartridge containing Ceramics for Mineral Supply】

칼슘 섭취에 대한 흥미로운 사실을 소개하겠다. 오래 전부터 뉴욕 주를 비롯한 미국 일부의 학교에서 아이들에게 우유 급식의 중단을 명령하고 있다. 우유 속의 동물성 지방과 단백질의 과잉 섭취가 오히려 과도한 칼슘의 소모를 불러 일으킨다는 사실 때문이다. 전세계에서 골다공증 발병률 1위 국가가 바로 핀란드인데 핀란드는 전 세계에서 1인당 우유 소비량 1위 국가이다.

즉 골다공증의 증가와 우유 소비량은 정비례하며 통계에 의한 순위가 일치하고 있다는 연구보고가 있다.

인체 내에 있는 액체를 체액이라고 하는데 물이 대부분 체액을 구성하고 있다. 체내 모든 세포는 물의 작용에 의한 전기적 에너지가 생성되며 인체는 그러한 힘으로 살아간다. 그러므로 생명의 동력을 이루는 물속에 미네랄 원소가 더해 질 수 없다면 몸속은 수력에 의한 전기 에너지도 만들 수 없으며 화학반응도 일어날 수 없으므로 생명은 그 활성을 잃어갈 것이다. 물속에 담겨있는 창조주의 뜻은 한 잔의 물이 바로 생명 동력수라는 점이다.

4. 생명의 춤 - 6각수와 단백질

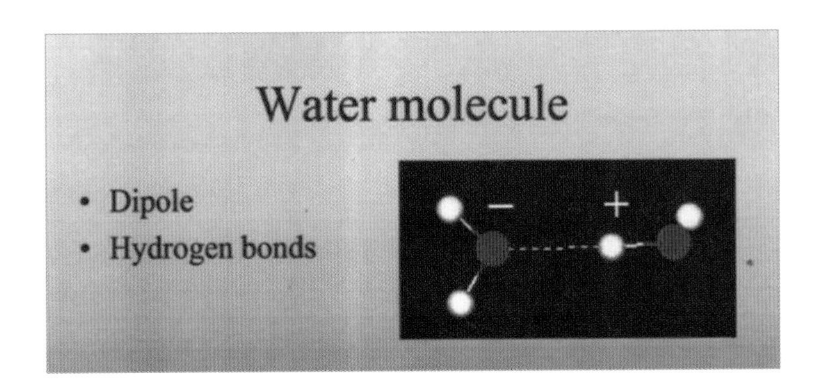

물은 끊임없이 춤을 추고 있다. 만약 지구상에 "물이 운동하지 않는다면 생명 현상은 없다."라고 단언할 수 있다. 이는 지구상의 생명현상은 물에 의하여 좌우되기 때문이다. 우리가 흔히 물이라 알고 있는 H2O는 한 개의 산소원자와 두 개의 수소원자가 결합되어 있는 기체상태의 수증기로서 하나의 물 분자(Water molecule)일 뿐이다. 지금부터 설명하고자 하는 것은 물에 대한 상식적인 수준을 뛰어넘어 물에 대한 진실과 생명을 이루는 동적인 구조에 대해서이다. 액체상태의 물은 물 분자들이 수소결합에 의하여 무리를 이루고 있으며 매우 빠른 속도 피코 단위(pico, 1초 동안 1조 회)로 떨어졌다 붙었다 하는 동적인 구조를 갖고 있다. 즉, 너무나 빨리 이합 집산을 하므로 측정기기로는 이것을 관찰할 수 없으며, 마치 고정화된 것처럼 보인다. 이것은 포도송이를 연상하면 쉽게 이해할 수 있다. 포도알갱이 하나하나가 물 분자이며, 포도송이는 물 분자들이 결합되어 무리를 이룬 덩어리라고 볼 수 있는데 이것을 물 분자 덩어리, 클러스터(Water cluster)라고 부른다. 일반적으로 물은 물 분자가 여러 개 결합된 회합체[(H2O)n]를 가리키며, 물 분자가 5개 이상($n \geq 5$) 결합될 때 비로소 액체상태의 물이 되는 것이다.

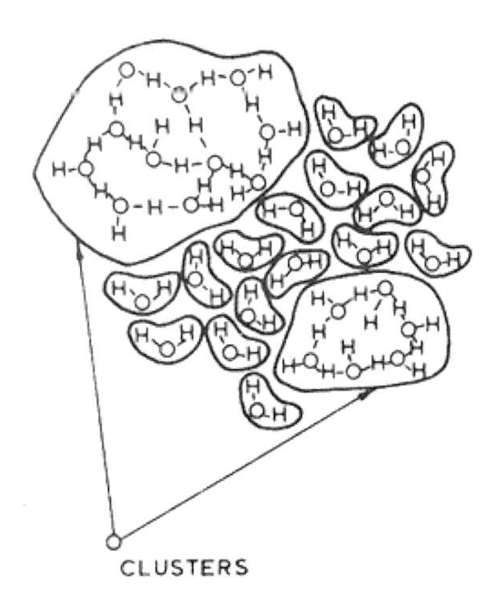

【Fig. 1. Schematic representation of the Frank and Wen flickering cluster model of liquid water】
【출처: Water and Hydrogels】

이 부분이 인식되었다면 다음의 두 가지 기본적인 가정을 할 수 있다. 첫 번째는 물 분자가 결합되어 무리를 이룬다면 여러 가지 구조를 갖는 클러스터가 존재할 수 있다는 사실이다. 두 번째는 물이 동적인 구조를 이루기 위해서는 에너지가 필요하므로 주변의 영향을 받을 것이며 그 환경에 따라 물의 특성이 달라질 것이다. 첫 번째 얘기가 '물 분자 구조론'이며, 두 번째 얘기가 6각 구조의 물과 관련된 '분자론적 물 환경설'이다. 이제 생명의 기본을 이루는 물의 역할과 그 형태의 극 미세한 세계를 설명하겠다. 앞서 기술하였듯이 물은 액체로서 물 분자 자체가 피코 단위로 거동하기 때문에 현재는 슈퍼 컴퓨터에 의존하여 시뮬레이

션으로 나타낼 수 있을 뿐이다. 일찍이 이 분야에 세계적인 연구자는 '물 분자 구조론'과 '분자론적 물 환경설'을 제창한 KAIST의 전 무식 교수이다. 1966년 미국 유타대학교에 재직 시 미국 화학학회 회장, 그리고 AAAS(American Association for the Advancement of Science) 회장을 지낸 헨리아이링 박사와 함께 발표한 「The Significant Structure Theory of Water」가 그 시초가 되었다. 이러한 연구는 지금도 계속되고 있는데, 예를 들어 피츠버그대학 화학부의 Dr. Ken D, Jordan 교수가 그 중 한 사람이다.

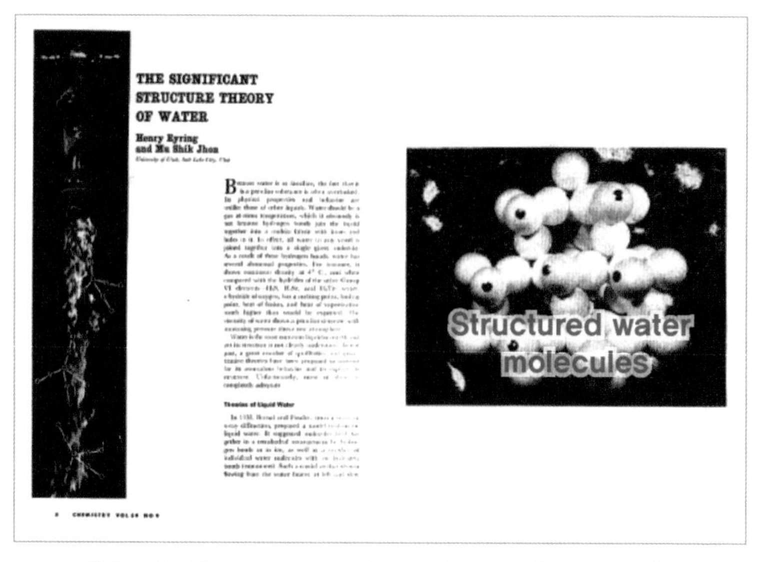
THE SIGNIFICANT STRUCTURE THEORY OF WATER

Henry Eyring and Mu Shik Jhon

【The significant structure theory of water, "Chemistry", written by Dr. Mu Shik Jhon & Henry Eyring, Univ. of Utah.】

물의 구조를 이루는 기본적 형태를 살펴보자. 물의 구조는 크게 사슬형(chain structure)과 고리형(ring structure), 그리고 두 가지 형태가 혼합된 구조로 되어 있다. 대개 기체인 수증기에서는 사슬형이 대부분이고, 액체상태의 물에서는 고리형이 많이 존재하며 그 중에서도 5각형 내지 6각형 고리를 이루고 있는 것이 대부분이다. 이론적 계산에 의하여 얻은 인체 내 물의 분포는 육각형 고리(6각수)가 62%, 오각형 고리(5각수)가 24%, 기타 14% 정도인 것으로 보고되어 있다. 물 분자가 6각수 또는 5각수의 구조가 되는지를 결정하는 요소 중 하나가 온도이다. 6각수가 5각수보다 에너지면에서 더 안정되기 때문에 온도가 낮을수록 6각수 비율이 높아진다.

구조화된 물과 세포액의 보호

물은 단독분자로 존재하지 않는다.

Water = $(H_2O)n$

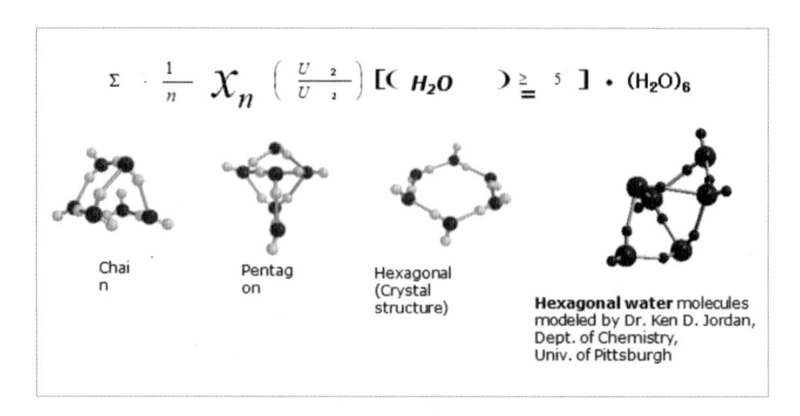

【출처: Miracle Molecular Structure of Water】

각각의 물질은 에너지를 갖고 있으므로 물에 영향을 미치는데 우리가 감지하기 어려우나 특히 물의 구조변화를 일으킬 수 있는 미약한 에너지가 바로 전자기장(자석), 원적외선, 파동, 토션장(Torsion, 氣) 등이며 심지어 염력, 사람의 의식조차도 영향을 미치는 경우가 있다. 이러한 에너지가 어떻게 물을 변화시키고 응축과 발산을 하며 남성의 힘(분화)과 여성의 힘(숙성)의 상호작용으로 생명현상을 이루는지 그 메커니즘을 일일이 설명하기는 어렵다. 그러나 에너지는 1차적인 원인이고 생명을 이루는 형태는 2차적인 결과이다. 얘기가 다소 딱딱하게 되었는데 에너지를 가장 잘 담을 수 있는 물질(매체)이 물이며, 특히 에너지의 특성에 따라 치밀한 분자구조를 이루고 생체에 가장 조화로운 6

각형의 고리구조를 갖고 있는 물이 바로 6각수라고 할 수 있다. 우리 몸은 대표적으로 단 두 가지, 물과 단백질로 이루어져 있다. 최근엔 분자와 원자수준에서 물이 단백질의 생성과 반응에 큰 영향을 끼친다는 사실이 드러나면서 신약개발의 연구분야에서 더욱 관심을 끌고 있다.

따라서 물과 단백질을 떼어놓고 생명현상을 논할 수가 없게 되었다. 단백질은 항상 물 분자와 결합하거나 주변 물 분자에 둘러 싸여 '물에 담긴 채' 존재한다. 단백질 분자 한 개에 물 분자 7만여 개가 붙어있어 단백질 분자끼리 서로 응겨 붙지 않도록 격리시킴으로써 비로소 인체의 기본적 구성을 유지할 수 있다. 과학저널〈네이쳐〉의 표지에 소개되었듯이 물에 의하지 않고서는 단백질, 아미노산, 핵산 등 생체분자의 구조를 만들거나 유지할 수가 없다. 약효의 경우도 예를 들어 비아그라 약물은 발기부전 단백질과 결합하여 활동을 억제하는데 이때 물 분자들은 단백질에 약물이 달라 붙도록 매개한다. 즉 수화(Hydration)가 되지 않고서는 어떠한 작용도 불가능하다.

【UC 버클리 김성호 박사】

몸에 물기가 마르면(Dehydration) 우리 삶 또한 건조(Dry)하다. 내가 무심코 마시는 한잔의 물이 어떠한 의미를 갖고 있고 영향을 미치는지, 그리고 갈증을 단순히 입 마름, 목마름으로 치부하고 습관적으로 넘어가는 생활이 얼마나 무지한지를 깨달아야 한다. 물 분자는 단백질이 특정한 3차원 구조를 이루는데도 큰 영향을 끼친다. 단백질은 고분자 상태, 즉 아미노산 형태로 세포의 핵을 이루는데 전무식 박사는 "단백질 고분자들은 물과 친한 부분(친수성)은 바깥쪽으로 존재하고, 물을 싫어하는 부분(소수성)은 안쪽으로 들어가는 식으로 자신의 3차원 모양을 이룬다"라고 발표하였다. 어떤 이유에서 단백질의 3차원 모양이 바뀌면 그 기능도 상실되어 암으로까지 발전되는데 여기에 중요한 작용을 하는 것이 물이다. 즉, 치밀한 구조를 갖고 있는 6각수가 구조파괴성의 5각수로 변하면서 궁극적으로 단백질의 구조를 변화시킨 결과이다. 실제로 종양세포 주위의 물은 구조가 파괴되어 무질서하게 돌아다닌다는 것이 H-NMR(핵자기 공명장치) 측정으로 증명되고 있다. 따라서 어떠한 방법으로 물이 환원되어 구조를 다시 이룬다면 병을 고칠 수도 있지 않을까? 이를 '분자론적 물환경설'이라 하며 물이 우리에게 주는 메시지이다. 현대의 질병의 대부분이 대사이상에서 발생되는 만성질환이므로 요즘 주목하는 유전체(Genome) 연구에도 중요한 참고가 될 것이다. 예방의학 관점에서 보자면 만성질환은 환경에서 기인하는 생활습관병이다. 그렇다면 무엇이 건강에 큰 영향을 미칠 수 있는 습관인지도 생각해 볼 필요가 있다.

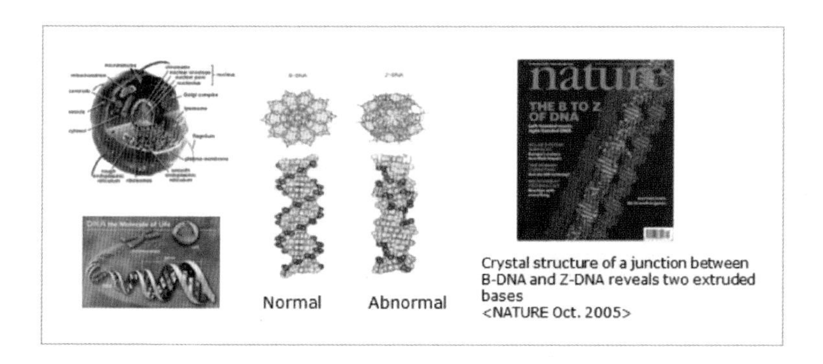

Crystal structure of a junction between B-DNA and Z-DNA reveals two extruded bases
<NATURE Oct. 2005>

우리는 과연 갈증이 나기 전에 수시로 물을 자주 마시고 있는지, 내 몸에 조화로운 물을 마시고 있는지 점검해 보아야 한다. 거미가 곤충을 잡아먹을 때 빨아 먹는 것이 단백질이다. 그리고 분비하는 거미줄이 바로 실크단백질이다. 물은 단백질의 생성과 유지에 절대적으로 필요하므로 물의 영향이 더 밝혀지면 인공거미줄도 만들어질 것이며 스파이더맨의 스토리가 현실이 될지도 모른다.

5. 영원한 궁합 – 물과 자석

지구의 대부분은 물로 덮여있다. 지구상의 물 중 98%는 바닷물로, 2%정도는 지표수의 형태로 존재하므로 가히 지구는 거대한 물의 행성이라 할 만하다. 태초부터 지금까지 지구상의 물의 양은 변하지 않았으며 다만 물질의 3상(액체, 고체, 기체)형태로 순환할 뿐이다. 그 중의 극히 일부가 바로 우리가 마시고 사용하고 있는 생활 용수이며 내 몸 속의 물, 즉 체액을 이룬다. 이러한 사실로부터 생각하면 조상님들 몸 속의 물이 다시 내 몸 속에 존재할 수도 있으며 생명의 대사를 이루는 매개체로서 그 무엇인가 정보를 간직하고 윤회한다고 상상할 수 있으니 전율을 느끼게 한다. 만약 바닷물을 전부 맥주 컵으로 계량한다면 몇 컵이나 될까? 상상할 수 없는 숫자가 될 것이다. 그런데 물 한 컵 속에 담겨있는 H2O, 즉 물 분자 숫자는 과연 어떨까? 놀라지 마시라! 물 한 컵 속의 물 분자 숫자는 바닷물이 전부 맥주 컵에 담겨있는 숫자보다 훨씬 많다. 이 사실을 생각한다면 물 분자는 단순히 존재하는 것이 아니라 그 어떤 질서와 Rule을 가지고 구성되어 있음을 짐작할 수 있다. 우리가 무심코 마시는 한잔의 물속에는 이렇듯 어마어마한 과학적 사실이 숨겨져 있다. 종교적으로도 물은 대부분의 종교에서 말하는 매개체로서의 의식을 담고 있다. 근래에 일본의 물 연구가 에모토 선생은 사람의 의식과 환경이 물의 결정구조 형성에 어떠한 영향을 미치는지 미시적 촬영을 통하여 그 동결구조를 흥미롭게 나타낸 바가 있다. 즉, 물은 주변의 환경과 조건에 따라 끊임없이 동적으로 그 구조가 변한다는 사실을 사진을 통하여 보여주었다. 오래 전에 물에 여러 가지 에너지 조건을 부여한 후 그 결정구조를 마이크로 크기로 직접 촬영한 적이 있었다. 그 다양성은 여러 가지 결정구조로 나타났는데, 특히 6각별형으로도 나타나고 6각판형으로도 나타나며 결합성이 좋은 물도 있고 분해의 특성이 강한 물도 있었다. 반면에, 용해 성질이 강하여 결정구조가 형성되지 않는 경우도 있었다. 앞서 물에 영향을 미칠 수 있는 대표적인 에너지와 미약에너지를 설명하였으므로 우리가 물을 대하는 마음가짐의 중요성도 깨닫게 해준다. 예를 들어, 사랑하는 마음은 물의 결정구조를 좋게 하며 악한 마음은 물의 결정구조가 난잡하게 나타날 수 있음을 예상할 수 있다.

이러한 단서들을 토대로 미약한 에너지가 물에 어떠한 영향을 미치는지 대표적인 예로서 자석(자장)을 통하여 알아보겠다. 우선 물 자체가 자석(Magnet)이라는 사실을 염두에 두기 바란다. 물 분자는 산소(-)와 수소(+)로 이루어진 쌍극자(Dipole)를 가지고 있으므로 당연히 자석의 성질을 갖는다. 그리고 H2O가 (n)개 결합하여 물 덩어리(water cluster)를 만드는데 이(n)의 수치와 형태에 따라서 물은 여러 가지의 특성 변화를 일으킨다고 앞서 설명하였다.

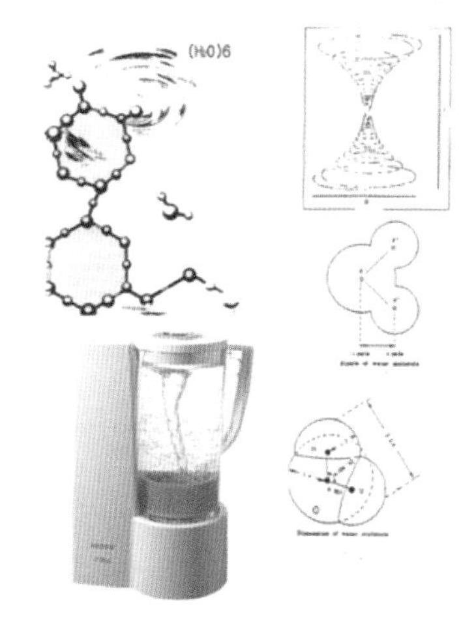

① 구심성 나선 회전운동을 한다

구심성 나선 회전운동(Centripetal Cycloid Spiral Motion)은 가장 강력한 에너지 운동으로 물 분자 구조를 치밀하게 만들어 준다. 이때 산소가 과포화 상태로 용존이 되어 살아있는 물이 된다.

② 자화수(Magnetizing water)이다.

물 분자는 +와 −극을 가진 자성체로서 자장의 영향을 받는데, 자장의 힘에 의해 물 분자의 에너지가 증폭된다.

③ 구조 형성성 물질이 물을 6각화 시켜주며 알칼리성을 지니게 한다.

칼슘(Ca) 등의 구조형성성 물질이 물 분자 구조를 6각화 시켜주며, 인체에 적합한 알칼리성의 물을 만들어 준다.

· 물 분자는 1개의 산소와 2개의 수소분자로 구성되어 있으며 물속 미네랄과 함께 안정된 구조를 이루고 있다.

· 클러스터(물 분자 덩어리)는 수소결합에 의해 다양한 형태의 구조를 이룰 수 있으며, 작은 클러스터일수록 빠르고 활동적으로 움직이므로 활성이 좋아진다.

· Vortex Motion은 클러스터를 더욱 작게 쪼개주기 때문에, 이러한 물은 인체에 쉽게 흡수되어 몸 속에 산소가 증가하고 세포에서 나오는 산화물이 쉽게 배출 되어 신진대사가 원활하여 진다.

· 건강한 물이란 산소와 미네랄이 풍부히 함유되어 있으며, 알칼리성의 작은 클러스터 구조의 물을 말한다.

【6각수기의 원리】

따라서 5~6개의 물 분자가 고리구조로 형성한 것을 구조수(Structured Water), 그 외 여러 개의 물 분자로 덩어리로 이루어진 물을 자유수(Free Water)라고 하는데 인체의 정상세포로부터 추출한 물은 구조수가 많고 암 등의 질환세포로부터 추출한 물은 자유수가 많다. 인체내의 물 구조는, 대체적으로 노인은 자유수, 젊은이는 구조수의 퍼센트가 많다고 연구되고 있으니 6각수가 많고 적음이 곧, 젊음을 가늠한다고 생각할 때 중학교 때 읽었던 청춘 예찬을 생각하게 한다. 우리가 병원에서 사용하는 검사진단기구, MRI(자기영상공명장치)는 바로 물 분자의 공명(Resonance)을 이용하여 분자 레벨에서 몸 속의 물을 들여다보고 이것을 영상으로 나타내는 장치이다. MRI는 엄청난 세기의 전기자석으로 배열되어 있다.

즉 물로 채워진 인체의 세포와 조직은 물과 자기장이 반응하는 신호(Signal)를 이미징하여 해부학적 구조를 나타내는 것이다. 따라서 자석이 형성하는 전자기장(Electromagnetic field)이 물에 끼치는 영향을 이해할 수 있으며 물은 자장 에너지를 받으면 치밀하게 구조를 형성할 수 있음을 뜻한다.

【MRI 공동 개발자 조장희 박사 & 노벨상 수상자 리차드 언스트 박사】

MRI 이야기

MRI(Magnetic Resonance Imaging)의 역사는 꽤 깊다.

1979년 0.1 테슬라(1.0K gauss)MRI가 KAIST에 처음 도착된 후 2019년 7.0 테슬라가 개발되기까지 무려 40년이 걸렸다.

1991년 노벨상 수상자 Richard R. Ernst 박사는 NMR(핵자기공명장치)을 시초로 하여 MRI 개발이 완성되기까지 조장희 박사의 공로를 노벨상 수상연설에서 speech하였다. 현재 대부분의 병원에서 사용하고 있는 2.0 테슬라 MRI는 1985년 KAIST에서 조장희 교수(Z. H. Cho, Ph.D.)에 의하여 세계에서 첫 번째 초전도 MRI(Superconducting NMR Scanner)가 개발되었고 1988년 서울대학병원에 국산 2.0 테슬라 MRI가 KAIST와 금성사 합작으로 처음 설치되었다. 그리고 다시 조장희 박사에 의하여 초전도 7.0 테슬라가 개발되기까지는 무려 31년의 시간이 소요되었다(2019). 이때 조장희 박사는 UCI, USA 핵자기공명부 종신교수직을 사임하고 귀국하여 초인적인 연구로 fMRI(기능성 자기공명영상장치)까지 완성하여 과학의 영역에서 의학계의 지평을 새로이 열어 주었다.

7.0 테슬라 MRI는 뇌의 해부학적 구조를 정밀하게 분석할 수 있으므로 기존에 단면 슬라이스 컷팅에 의하여 출간되었던 뇌의 구조가 새로운 뇌해부학 지도로 완성되었다(7.0 Tesla MRI Brain Atlas). 쉽게 이해하자면 망원경으로 보던 물체를 손바닥에 놓고 돋보기로 보게 되었다는 뜻이다.

따라서 거미줄처럼 모호하였던 말초혈관과 뇌구조의 기전을 볼 수 있게 되었으므로 치매와 뇌혈관질환, 뇌종양, 해마 등을 파악할 수 있게 되어 의학적 진단과 처치가 신의 영역에 들어서고 있다(그러나 아쉽게도 비용관계로 국내에는 연구용으로 4대밖에 없다).

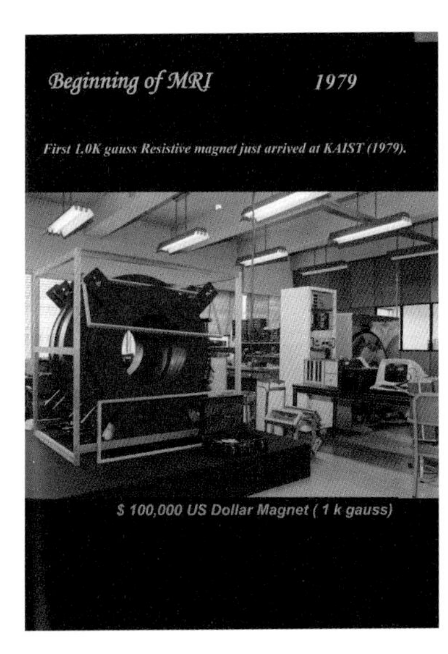

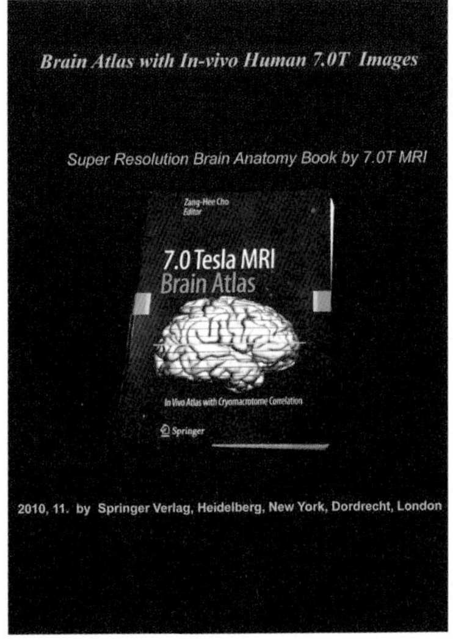

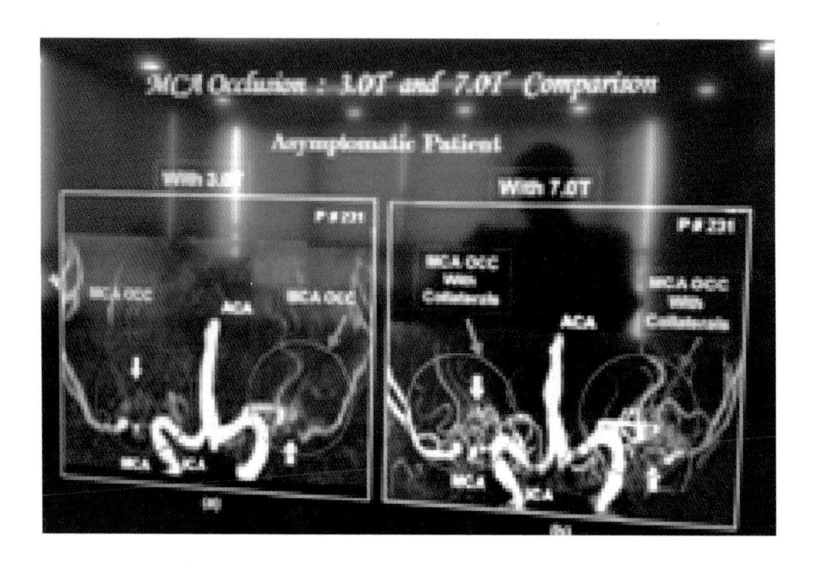

특히 조장희 박사의 업적은 PET-mRI를 개발하여 해부학적 구조뿐만 아니라 화학적인 대사작용(Metabolic Function)까지도 파악할 수 있어서 의학과 제약분야에서 주요한 단서를 제공하고 있으므로 노벨상에 가장 근접한 과학자로 평가되기도 한다. 현재 조장희 박사는 고려대의대 석좌교수겸 뇌과학융합센터장으로 연구를 계속하고 있으며 필생의 꿈인 14테슬라 MRI완성과 파킨슨&치매 치료센터를 계획하고 있다.

It is known that kinetic energy is needed to produce structured Water. The kinetic energy can be obtained from **Centripetal Cycloid Spiral Motion** which is also called MHD(**Magneto-hydrodynamic activation method), known as the strongest kinetic energy in nature.**

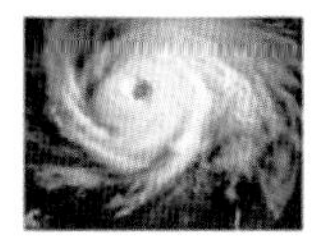

The most powerful energy motion (Centripetal Cycloid Spiral Motion)

$$\mathbf{MHD} = F2+F3=q \ [\beta_V] \times \frac{q_1 \ q_2}{d_2}$$

The vortex motion puts in the water containing minerals in a magnetic field to activate energy.

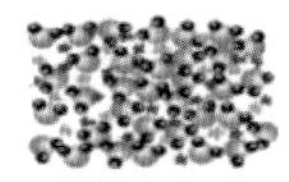

Normal tap water

MHD water

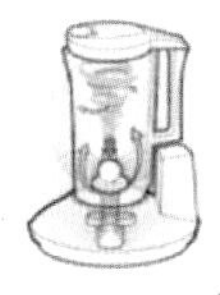

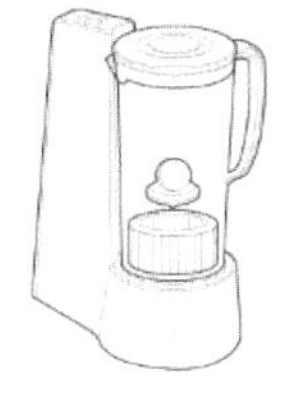

Centripetal Cycloid Spiral Motion

The device has been designed using vortex motion of anticlockwise directions to facilitate ionized minerals and melt oxygen into the pores of water.

【Energized & Magnetized Water】

한편 물에 존재하는 구성물질의 형태는 전해질(이온형태)과 비전해질(분자형태)로 존재한다. 전해질이란 물에 녹아있는 전하를 띤 물질로 이온(Ion)이라고 부르며, Ion이란 어원은 "헤매고 돌아다닌다"는 뜻을 갖고 있다. 이온주위의 물 분자는 양 전하의 이온과 산소의 음전하 간에 쿨롱의 힘으로 서로 붙어 구조를 이루고 있다. 이를 수화(hydration)라고 말한다. 따라서 물에 왜 미네랄 이온이 녹아 있어야 구조형성에 도움이 되는지 이해가 분명해질 것이다.

자장을 이용하여 물을 처리하면 (magnetized water) 자장 속을 통과한 물은 그 자장의 영향을 받기 때문에 운동 가속도가 변화하고 물 분자의 상태는 산소, 수소결합구조의 변화가 나타나 클러스터라고 부르는 물의 집합구조가 만들어질 것이다. 특히 이 과정에서 강한 회오리 운동(Votex Motion)을 가하면 페러데이 법칙에 따라서 유발된 자유전자 (e-)가 물 분자와 이온에 작용하여 이들간의 복합적인 힘에 의하여 수소결합의 파괴가 유발되어 수화이온이나 회합성 물 분자는 뿔뿔이 분산되어 긴 결합으로부터 간단하고 짧은 결합으로 끊어진다.

When the water (conductor) moves perpendicularly in a magnetic field, as based on the Faraday Effect particularly, the free electrons activate the water and ionized minerals to turn over the kinetic to the electric energy. Whenever our body absorbs this energized water, the tissue cells of the body promote to become very functional, thus invigorating energy, or chi (気).

Michael Faraday

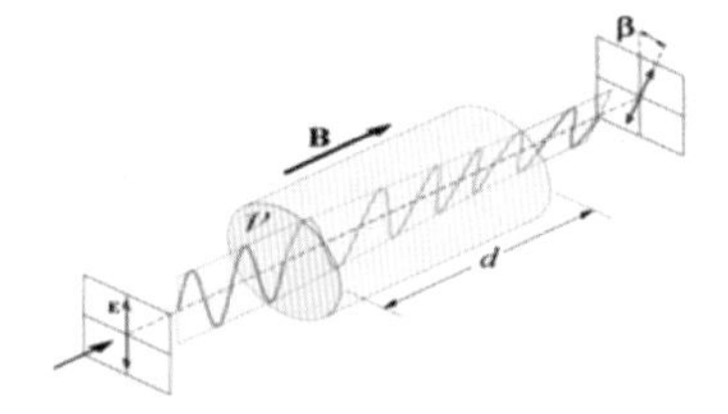

Faraday's law

In addition, this water is magnetized with a dipole, which can memorize Information and deliver the memory to others like a floppy disk.

Every reaction in our body is carried out within the cells. If the water we drink contains some information, the huge network of the cells will properly control the biological phenomena.

【Hexagonal water loves your body】 GIL HO KIM

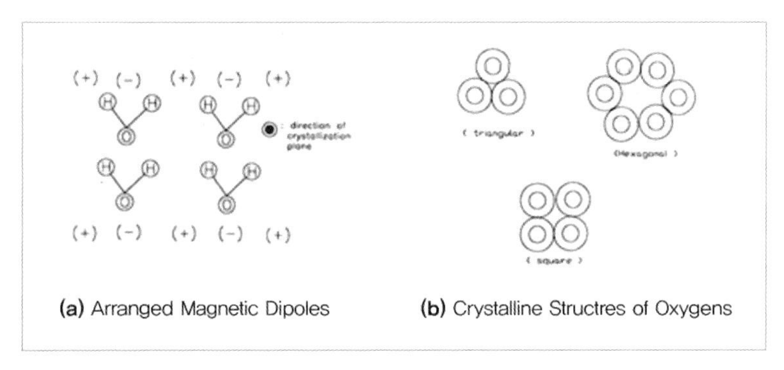

【Fig.4. Regular Arrangements of Water Molecules under Static Magnetic Flux】 HUNG KUK OH

이것이 자장과 물리적 운동을 이용하여 물의 분자구조를 치밀하게 만들 수 있는 자성유체역학(MHD)이며 물의 물리적, 화학적 성질, 즉 표면장력과 침투력, 용해력, 그리고 용존산소 증가 등의 두드러진 증강 변화를 관찰할 수 있다. 이러한 물의 특성 변화는 본래 자연 속에서도 진행되고 있는데 지구자체가 거대한 자석이므로 물은 하늘과 땅의 변화무쌍한 회오리 운동과 전도체(미네랄이온)의 상호작용에 의하여 활성을 갖게 되는 것이다. 덧붙여 잊지 말아야 될 사실 중 하나는 암석의 역할도 아주 중요하다는 것이다. 돌과 흙은 광물질, 즉 미네랄의 원천이며 생육광선이라고 불리는 원적외선(FIR)을 물 속에 방사(Emission)한다. 원적외선 역시 물의 중합을 절단함으로써 생체에 좋은 영향을 주고 있다. 인체에서 물을 대신할 물질은 아직 아무 것도 없다.

영양음료, 이온음료, 청량음료 등은 물과 전혀 다르다. 특히 액체 속에 화학물질을 함유했을 경우 우리 몸은 중추신경계의 통제센터에 의하여 몸의 화학적 성질을 변화시킨다. 심지어 우유조차 물과는 다르다. 우유는 일종의 식품이며 주스는 식음료이다.

즐겨 마시는 커피 또한 카페인 성분이 있어 우리 몸 속의 탈수를 부추긴다. 왜냐하면 그 음료 속의 수분량보다 더 많은 양의 물이 체액의 농도 조절을 위하여 소변으로 배출되기 때문이며, 뇌 속의 멜라토닌 생성을 방해하여 잠이 잘 오지 않는 경우도 있으니 앞서 지적한 대로 몸의 화학적 성질을 변화시키기 때문이다. 한편 물이 자화되면 저장된 기억력을 전달한다. 메신저 역할로 물이 갖고 있는 정보를 전사(Transfer)한다. 이것은 마치 세포 유전체의 DNA정보(유전암호)를 RNA(리보핵산)가 암호를 읽어 명령을 전달하는 이치와 같고 미네랄 도체들은 매개체가 되어 전령 역할을 한다. 우리가 사용하는 마그네틱 카드도 바로 이러한 원리를 이용한 것이며 자석에 쇠를 문대면 자석의 성질을 갖는 것도 마찬가지이다. 이제 물이 자화되었을 때 어떠한 변화가 가능한지 살펴보았다. 물과 자석의 뗄 수 없는 이 궁합은 생명의 기본적인 에너지(Fundamental energy)의 메커니즘을 이루고 있음을 잊어서는 안 된다.

6. 물과 혈액

'병원'하면 우선적으로 떠오르는 것 중에서 하나가 '링거액'(Ringer's solution)이다. 누구나 병상에 누우면 피할 수 없는 것이 링거액이다. 링거액은 대부분이 물이므로 실제적으로는 혈관에 물을 주입하는 것과 같다. 우리 몸의 체액, 즉 혈액을 이루는 혈장을 보충하기 위함이다. 혈액의 성분은 적혈구, 백혈구, 림프구, 혈소판, 혈장으로 이루어져 있는데, 뼈 안에 있는 골수(Bone marrow)에서 만들어진다. 혈액에서 적혈구, 백혈구, 혈소판을 제외하고 남는 성분이 혈장(Blood plasma)인데 94%가 물이고 그 나머지는 각종 영양소와 대사성 노폐물이 녹아 있어 CSI에서 이를 범죄수사에 이용하기도 한다. 따라서 혈장의 역할은 물의 역할 그 자체이며 영양소의 이동과 노폐물 배출을 수행한다. 이러한 의미에서 혈액은 생명과 질병의 뿌리로 볼 수 있다. 영양소와 약의 성분은 위와 십이지장을 거치면서 혈액으로 진입하여 몸 전체를 순환하며 혈관이 연결된 모든 세포와 장기 조직에 영향을 주고 있다.

오늘날 부작용이 없는 처방약은 단 한가지도 없으므로 정도의 차이는 있겠지만 전신을 순환하며 신장과 간장과 세포에 영향을 끼칠 수 있다. 인체의 혈액량은 체중의 약 13분의 1정도인데 대부분 물(혈장)로 이루어져 있다. 성경에 "육체의 생명은 혈액 안에 있다: The life of the flesh is in the blood"라고 쓰여 있는데 혈액 속에 수분이 부족하거나 부적절하다면 어떻게 될까?

이것이 혈장탈수이며 병원에서 링거액을 주입하는 기본적 이유도 여기에 있다. 혈장 탈수의 경우 혈액의 pH레벨, 세포 외 액과 세포 내 액의 삼투압 밸런스, 영양소의 이동, 노폐물의 배출, 백혈구의 활동 등에 중대한 결함이 예측되기 때문이다. 흔히 의사들이 감기환자에게 물을 자주 마시라고 권한다. 체열에 의해서 발산되는 수분손실을 보충하여야 항상성과 면역력이 유지되어 회복이 빠르기 때문이다. 그러므로 평소에 물을 자주 마시지 않는다는 것은 입원환자가 링거액을 거부하고 화학성분의 약리성분만 투여하여 혈액을 농축시키는 것과 같다.

혈액에 축적되는 해로운 물질은 알러지 항원, 과민반응 이물질, 염증의 부산물, 화학물질, 대사 후 산화 노폐물, 죽은 세포의 사체 등으로 동맥경화, 결석, 통풍, 치매 등을 일으키며 암세포는 노폐물을 원활하게 배출하지 못하기 때문에 생기는 증상의 결과다. 몸 속에 나쁜 액체가 고이거나 떠다닌다는 얘기인데 그 중 대표적 질병도 류머티즘으로 'Rheuma'란 어원 자체가 '나쁜 액체'란 뜻이다. 우리는 흔히 피는 물보다 진하다고 한다. 사실이다. 점도가 5배 이상 높아 점성이 강하다. 점성이 강하다는 것은 그 만큼 끈적끈적 하다는 뜻이다. 그런데 피는 어떻게 온 몸을 구석구석 돌 수 있을까? 특히 말초혈관의 경우는 현미경으로나 보일 정도로 미세한 모세혈관으로 이루어져 있으며 인체 혈관의 전체길이는 대략 6만 마일(약 10만 km) 정도의 대단한 길이다. 그러나 혈액을 순환시킬 수 있는 심장펌프의 힘은 0.003hp(마력)정도이고 심장펌프를 가동하는 전기의 힘은 3.5mv ~ 5mv가 고작이며 나이를 먹을수록 그 힘은 더욱 떨어진다. 휴대용 카세트 테이프를 돌리는데(play) 사용되는 전기의 힘이 12mv이니 심장이 갖고 있는 미약한 전기의 힘으로 어떻게 물보다 점성이 5배나 강하며 신체의 말단까지 그물처럼 퍼져있는 미세한 혈관까지 하루에 약 8,000L의 혈액을 순환시킬 수 있는지 도무지 의문을 갖지 않을 수가 없다.

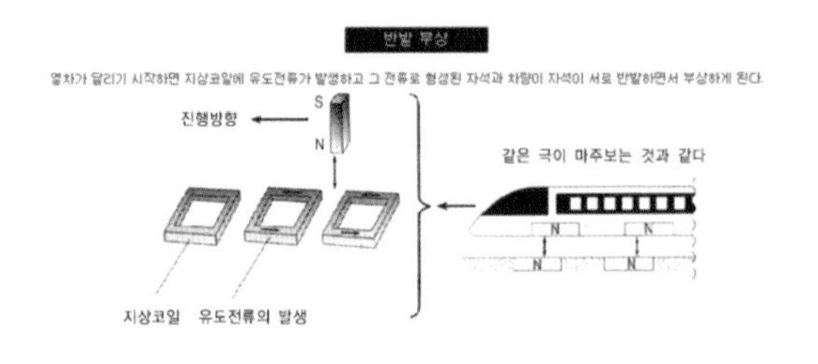

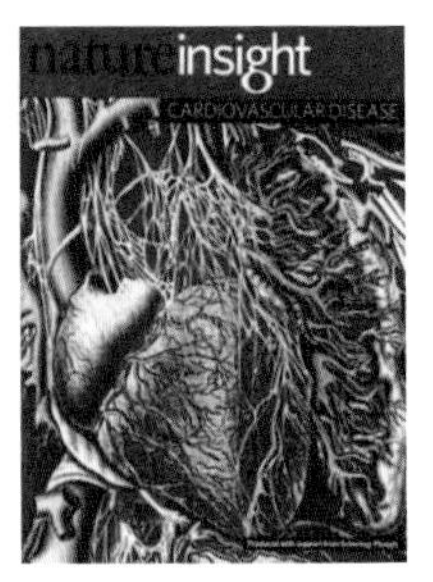

이러한 의문은 일찍이 독일과 미국의 일부 의사와 학자들이 밝히기 시작했는데 피는 자기부상열차(Magnetic levitation train)처럼 혈관(레일)에 직접 마찰하지 않고 총알처럼 스핀(회오리)운동으로 통과한다. 즉, 혈관 세포막은 자력을 띠고 있으므로 이것이 혈액의 마찰과 혈관벽의 저항을 없애 혈액이 저절로 흘러간다는 것이다. 그러므로 심장은 펌프처럼 강력한 구동력을 만들어 내는 것이 아니고 단지 맥동을 줄 뿐이다. 따라서 피가 곧 물임을 생각할 때 이와 같이 자력을 띠고 있는 물(Magnetized water)이 부여할 수 있는 메커니즘을 우리는 간과해서는 안 된다. 오래 전에 중국 북경에서 국제 심포지엄이 있어서 다녀왔는데 자화된 물에 대한 관심이 뜨거웠다.

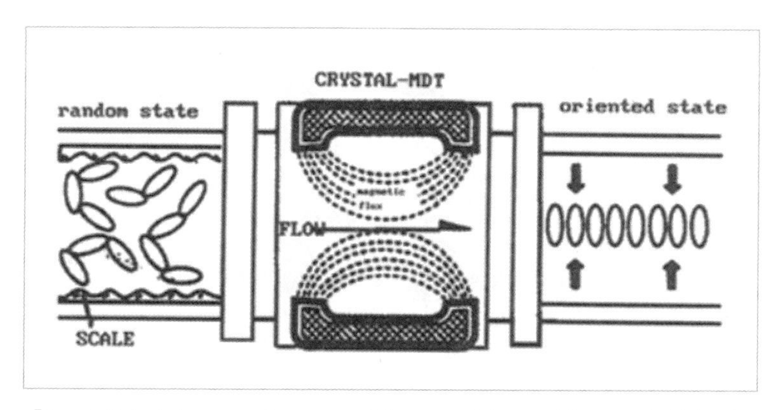

【Fig.5. Principles and Structural Diagram of Crystal Magnetic Tube in Heat Exchange Equipment】

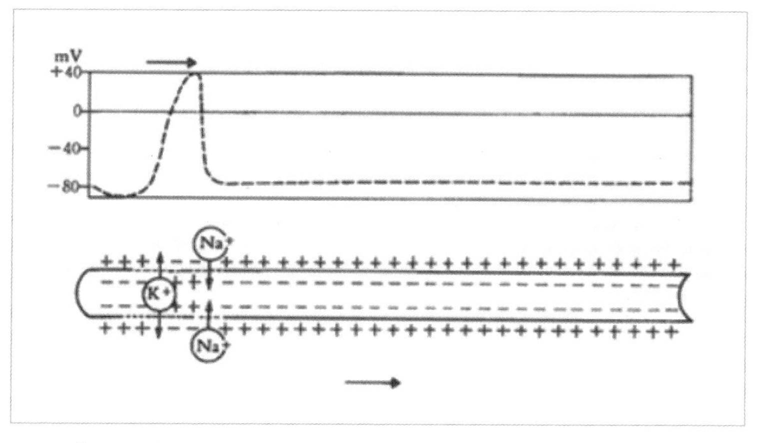

【Fig.6. Stimulation of Autonomic Nerves and its Transfer】
【출처: 생체자기 신비의 과학적 원리, 아주대학교 공과대학 오흥국 1995】

확인할 수 없는 얘기지만 등소평이 장수와 건강을 누렸던 이유 중의 하나도 그가 자란 고향마을의 우물물이 바로 자철광에 의하여 자력이 센 물이라고 전해졌다. 그는 실각 후에도 고향에

유배되어 그가 기다린 오랜 세월만큼 자화수를 마셨다. 자성유체역학(MHD)은 이와 같이 물과 혈액과 혈관벽세포에 직접적인 영향을 미칠 수 있는데 물에 회오리 운동(VOTEX MOTION)이 가해지면 패러데이법칙(Faraday's law)에 따라서 에너지의 증강 변화가 두드러지기 때문이다.

다시 강조하지만 혈액에서 혈장의 역할은 매우 중요하며 혈장의 94%는 물이 차지하고 있다. 그러므로 나머지 6%의 물질대사에 집중하는 우를 범하여서는 안 된다. 혈액이 집중되는 뇌는 탈수에 대해서 아주 민감하게 반응하므로 더욱 주의하여야 한다. 역삼투압 방식으로 걸러져 미네랄이 제거된 물은 (요즘은 마지막 단계에 활성탄을 사용하여 일시적으로 알칼리성을 띠기도 한다) 결코 이롭지 않다. 마셨던 양보다 더 많은 양의 물이 빠져나가고 탈수 회복률도 매우 낮아 탈수를 부축이기 때문이다. 이제 당연한 상식이지만 만성질환은 세균성과 전염성 질환이 아니다.

탈수는 심지어 체내 통증과 알러지 반응을 일으키고 관절의 염증도 유발한다. 특히 혈장 탈수는 적혈구가 심하게 엉키게 되어 혈액 순환이 나빠지므로 고혈압, 당뇨병, 고지혈증과 동맥경화를 가진 환자들에게 더욱 병을 악화시킬 확률이 높게 나타난다. 물과 혈액이 건강의 기본 뿌리임을 생각할 때 혈장탈수는 세포탈수로 이어지므로 생애주기(life cycle)의 관점에서 보자면 노화와 질병의 시작과 종말은 탈수에서 비롯되므로 결국 이 모든 책임은 스스로의 생활습관에 달려있다고 할 수 있겠다.

〈 탈수가 일으키는 만성질환 〉

· 알러지	· 소아비만
· 천식	· 뇌졸중
· 고혈압	· 소화불량
· 제 2형 당뇨병	· 협심통증
· 골다공증	· 하부요통
· 퇴행성 관절염	· 급 경련통
· 심부전	· 입덧
· 관상 동맥 혈전증	· 편두통

【출처: Water Physiology Edition151】

늙으면 피부가 건조해지고 주름이 많아진다. 건조가 계속되면 우리 피부뿐만 아니라 몸 속이 마르고 건조하게 된다. 몸의 각 장기는 수분부족을 알리기 위한 신호로 갈증과 통증을 유발한다. 그래도 무시한다면 장기는 제 기능을 못하고 손상되며 이는 곧 질병과 노화로 이어진다. 특히 뇌척수액에 잠긴 뇌는 단 1%의 수분만 잃어도 치명적이다.

【물로 10년 더 건강하게 사는 법, 국민주치의 이승남 박사, 리스컴 2008】

7. 이별과 결합 – 물과 전자

인생이 그렇듯이 사물은 만남과 이별에 따라 많은 곡절이 생긴다. 모든 물질은 전자(electron)를 갖고 있다. 전자(e-)는 물질의 정해진 궤도에서 쌍을 이루고 있는데(Orbital Electron) 항상 일정하지는 않다. 즉 일상에서 일탈을 하듯이 궤도에서 떨어져 나오기 때문이다. 전자는 또한 자유로운 보헤미안이다. 이별과 결합 속에 스스로의 위치에 따라 긍정적으로도 작용하고 부정적으로도 작용한다. 물은 자유전자(free electron)의 담체이기도 하며 이합 집산을 되풀이 하는 무대이다. 그리고 생명현상은 이러한 전자의 역할에 따라 산화와 환원, 사멸과 생성, 질병과 건강의 단초를 제공한다. 활성산소(Active Oxygen)는 Free Radicals의 형태로 여러 가지가 존재하는데 대부분의 의학자들이 노화와 질병의 주요한 원인으로 지적하고 있으므로 상식적인 수준의 주제라고 생각한다. 그러나 맹물을 통하여 활성산소제거 기능을 설명한다면 의아해 하겠지만 좋은 물 속에는 그 방법이 있다. 우선 활성산소의 실체에 대하여 간략히 정리하여보자. 먼저 염두에 두어야 하는 사실은 우리 몸은 활성산소와 함께 살아간다.

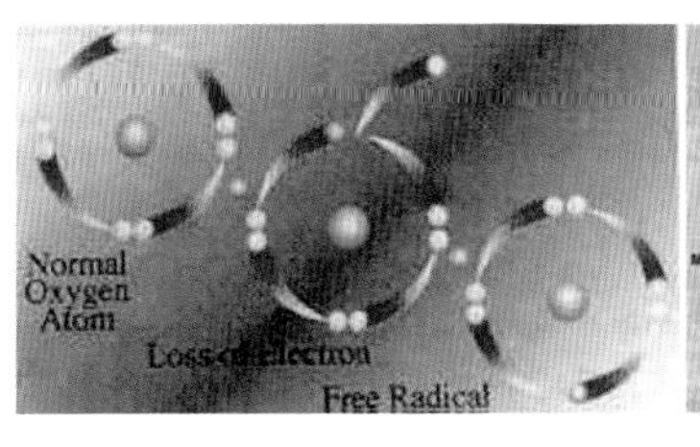

【출처: Water and Hydrogen】

즉 함께 살아야 할 생명의 동반자라는 사실이다. 만약 몸 속에 활성산소가 없다면 면역성 결핍증의 환자처럼 아무런 방비책 없이 세균과 바이러스의 공격으로부터 무너질 것이다. 한마디로 우리 몸을 지키는 safe guard인 셈이다. 그러나 활성산소는 구조적으로 문제가 있는 물질이다. 우리가 필요한 몸 속의 산소는 대부분 폐호흡을 통하여 얻어지는데 이 중에서 약 97~98%의 기체산소는 구조적으로 전자가 4개의 궤도에 안정적으로 쌍(pair)을 이루어 혈액 속에서 적혈구와 결합하여(Oxyhemoglobin)세포로 운반된다. 그러나 나머지 2~3%의 산소는 전자가 쌍을 이루지 못하고 활성산소로 변하여 성질이 과격하여진다. 물질을 구성하는 원자의 중심엔 양성자와 중성자가 있고 그 주변에는 전자가 둘러싸고 있으며 원자가 결합하여 분자를 이룬다. 그런데 분자가 전자 하나를 잃으면 불안정한 성질을 갖게 되는데 활성산소는 이런 구조적인 문제로 불안정해진 물질이다. 활성산소는 세포 속 미토콘드리아(Mitochondria)의 에너지대사(TCA)과정에서도 엄청나게 발생하며(미토콘드리아는 우리 몸 속의 당을 태우는 발전소로 보통1개의 세포 속에 수백 개의 미토콘드리아가 있다.) 여러 가지 환경적인 요인에서도 발생한다. 활성산소는 균형적으로 불안정하기 때문에 모자란 전자(e-)하나를 찾아 짝을 이룰 때까지 난폭한 행동을 멈추지 않으므로 이것이 인체 내에서 문제가 되는 것이다.

즉 신체 내부의 유기적 결합을 파괴하면서까지 다른 분자를 공격하여 부족한 전자하나를 빼앗아 오고 있다. 유기적 결합이란 예를 들자면 세포막, 혈구막 등을 가리키며 지질(Lipid)로 이루어져 있으므로 활성산소의 무차별공격을 받으면 파괴(Distruction)되고 이것이 바로 산화(Oxydation)이다. 그렇다면 활성산소에게 전자하나를 빼앗긴 다른 분자는 가만히 있을까? 아니다! 제집 식구를 뺏겼는데 가만히 있을 바보는 없을 것이다. 또 다른 활성산소가 되어서 다른 분자의 전자를 약탈하러 다닌다. 군대에서 철모를 잃으면 얌전하던 사람도 훔쳐서 채워놓는 것과 같은 행태이다. 이런 과정이 체내에서 연쇄적으로 발생하면 유기체 속의 물질이 연속적으로 산화, 결국 파괴되고 마는 것이다. 세포의 경우는 세포막이 손상되어 세포내의 환경이 악화되고 세포핵을 공격하여 DNA가 에러(Error)를 일으키기 시작하면 변이가 축적되어 암 전단계의 세포(Precancerous Cell)가 될 것 이다. 따라서 암은 DNA 질환이다.

Most of body cells have "Lipids" cells then they are destroyed by ROS:

【출처: National Library of Medicine. PMID: 31737171】

혈구세포와 혈관벽을 이루는 내피세포 또한 똑같은 과정에 노출되는데 활성산소가 심근경색, 뇌졸중, 동맥경화, 류머티즘, 치매, 암과 같은 각종 난치성 질환의 주범으로 지목되는 이유가 여기에 있으며 면역체계를 약화시키고 노화를 진행시키기도 한다. 현재 의학자들이 우리 몸 속에 과도한 활성산소의 위험도를 증가시키는 주요한 원인으로는 흡연, 대기오염, 화학물질, 약물과용, 과로와 과도한 운동, 감염, 스트레스 등을 지적하고 있다.

이제 해결방법을 생각해보자! 당연히 앞서 지적한 주요원인들을 최소화하는 것이다. 이러한 원인들은 개인의 노력에 따라서 줄이거나 회피할 수도 있겠지만 한계가 있다. 특히 대기오염과 화학물질은 실내공기의 질에도 영향을 미치므로 미국심장학회(AHA)의 연구에 의하면 사람이 평생 동안 마시는 공기의 97%는 실내공기의 질에 좌우된다고 심혈관 질환과 관련하여 지적하고 있다.

활성산소의 위험도 증가요인

대기오염	수질오염	화학물질	감염	스트레스
흡연/음주	약물과용	과도한운동	과식	과로

10가지

만약 $\frac{1}{2}$ 이상 해당된다면
만성질환에 2배이상 노출&과정

Solution

활성산소를 억제하기 위한 효과적인 솔루션

① 부족한 전자 하나를 채워주는 것

② 전자(e−)를 공급받은 활성산소는 안정상태를 되찾아 더 이상 "약탈" 을 하지 않음

따라서 항산화 물질의 섭취는 중요하며 비타민류가 대표적이다. 그러나 충분한 양을 섭취하기란 쉽지가 않다. 소화흡수 과정과 노력이 필요하다. 결국 활성산소의 활동을 억제하기 위한 효과적인 방법은 부족한 전자 하나를 채워주는 것이다. 항산화 물질의 역할이 바로 이것인데 간단한 원리는 빼앗긴 '애인'을 다시 찾아주는 것이다. 산화란 '전자'를 내어준 것이므로 다시 전자를 채워줘야지 영자나 숙자를 보내주어도 소용이 없다. 그래야 활성산소로부터 유기체 내부의 파괴작용이 멈추고 안정되기 때문이다.

이제 물을 통하여 살펴보자. 원래 창이 있으면 방패가 있듯이 우리 몸 속에는 활성산소의 공격으로부터 방어할 수 있는 효소가 있다. 이것이 바로 SOD(Superoxide Dismutase)이다. 우리 몸 속에서 자연적으로 생성되는 효소로 신체내부에 존재한다. SOD는 미네랄과 직접적인 관계에 있는데 설명은 다음기회에 하기로 하고 나쁜 물은 신체내의 SOD 힘을 저하시키므로 좋은 물과 비교하여 실제 절반 정도로 떨어뜨린다는 분석 보고가 있다. 또한 신체내의 효소군은 항상 물이 존재하는 장소에서 활동을 하기 때문에 SOD의 활동을 촉진하기 위해서도 물의 환경은 중요하다. 활성산소로부터 우리 몸을 지킬 수 있는 쉬운 방법은 수소가 풍부히 녹아있거나 환원력이 있는 물을 마셔야 한다. 수소 풍부수의 수소(H·)는 원자형태로 전자를 갖고 있으므로 이러한 물을 마시면 몸 속에 흡수된 전자는 활성산소와 결합하여 안정되므로 우리 몸 속의 활성산소를 손쉽게 감소 시킬 수 있다.

8. 활성산소(ROS)는 해롭다

원래 기본적인 것들은 간단하다. 특히 생명과 관련하여서는 더욱 그렇다. 물, 불, 숨, 힘, 피, 살, 뼈, 밥 등. 사람의 생명과 삶은 간단한 자연의 이치에서 시작하여 온갖 호사를 부리다가 결국 죽음의 골짜기, 즉 '골'로 간다. 동물은 갈증이 나야 물을 마시지만 사람은 목이 마르지 않더라도 물을 마셔야 한다. 인간만이 땀을 흘리기 때문에 혈장과 세포 탈수를 막기 위해서는 건강유지에 필수적이다. 인간은 불을 사용하면서 비로소 동물과 구분되기 시작했는데 '말'이 소통되고 '손'이 사용되면서 인류의 진보는 놀라운 발전을 해왔으며 특히 과학과 의학 부분에서는 실로 정신을 못 차릴 지경이다. 과학의 발전이 제곱으로 진보하므로 일부의 학자들은 가까운 장래에 인간의 수명이 대부분 100세를 넘어설 것이라고 예측하고 있으므로 건강관리에 힘을

쏟을 것을 권하기도 한다. 그렇지만 누구도 피할 수 없는 '노화'란 과연 무엇일까? 활성산소가 노화를 일으키는 주범으로 지적되기에 활성산소의 실체에 대하여 설명하였다. 그렇다면 어떻게 활성산소의 발생을 줄이고 적극적으로 방어하여야 하는지 구체적으로 살펴 보도록 하겠다.

활성산소가 해롭다는 이론은 1954년 미국의 거쉬맨 그리고 길버트 박사가 처음 제기하였고 1956년 버클리대학의 데넘교수가 노화의 단서로 지목한 이후 수많은 연구가 진행되어 최근까지도 사이언스 저널 「NATURE MEDICINE」을 통하여 그 연구결과가 발표되고 있다. 우리 몸에서 활성산소가 가장 많이 만들어지는 곳은 세포 속의 미토콘드리아 이다. 실제로 우리가 흡입한 산소의 90%는 여기에서 소모된다. 산소를 이용해 음식으로부터 에너지를 얻으려면 중간물질로 프리라디칼을 생산해야만 한다. 그러므로 프리라디칼은 산소로부터 만들어지기 때문에 활성산소(ROS)라고 부르는 것이다. 세포들이 호흡하는 동안 프리라디칼은 계속 생산되므로 그 대부분은 항산화 방어물이 처리하여 그 작용을 중화한다. 그런데 문제는 그 방어가 완벽하지 않다는 것이다. 방어그물을 슬쩍 빠져나가 DNA나 단백질처럼 생명유지에 아주 중요한 세포와 조직의 구성요소를 손상시키기 때문이다. “골키퍼가 있다고 골이 안들어가냐!”라는 Comedy가 한때 유행했듯이 수비수의 그물망을 피해 공격하는 것이다. 이 손상은 서서히 축적되어 마침내 우리 몸을 정상적으로 유지시키는 능력을 압도해 버리게 되는데 이렇게 몸이 점진적으로 퇴보해가는 과정이 노화의 과정이다.

ROS: The most dangerous electron looter

Johns Hopkins Medical School has stated that over 36,000 diseases results from ROS.

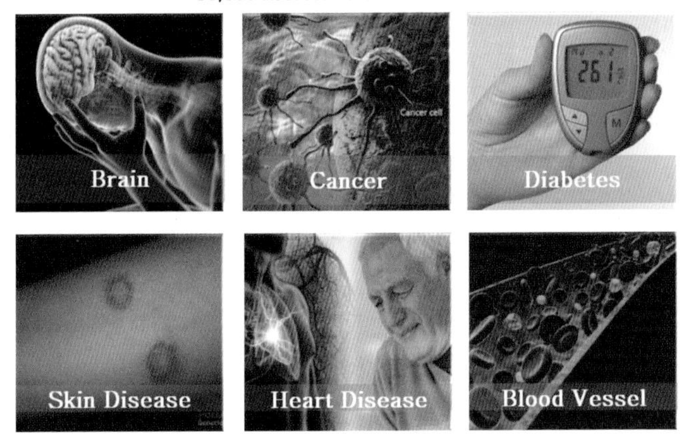

【출처: http://pubmed.ncbi.nlm.nig.gov/27037062/】
【출처: 나무위키】

과일과 야채 속에는 항산화 물질이 많이 들어 있지만 요즘엔 많은 사람들이 음식만으로는 부족하다 하여 강력한 항산화제를 별도로 찾는다. 그러나 산소에 대한 생명의 적응이란 무대에서 항산화제는 단역배우에 불과하므로 지속적인 섭취가 필요하다. 산화와 환원의 관점에서 보자면, 산소가 닿으면 음식이 상하고 쇠가 녹슬듯이 우리 몸도 산소가 있는 곳에서는 프리라디칼이 만들어져서 조직이 상하고 녹이 슨다고 비유할 수 있겠다. 즉, 산화란 페인트(항산화막)가 벗겨지는 것이며 이것을 되돌리는 환원이란 새로 페인트를 칠해 덮는 효과이다. 덧붙여 인식할 사항은 산소가 관여하는 곳에서는 활성산소가 만들어지므로 마치 산소가 매우 불안정한 물질로 생각하기 쉽지만 산소(O_2)자체는 안정된 물질이므로 해가 없다. 오히려 산소부족상태가 문제가 될 뿐이다. 그렇다면 활성산소를 좀 적게 생기게 하거나 피해를 줄일 수 있는 방법을 생각해보자! 활성산소는 '전자'를 뺏기 위해 온몸을 돌아다니는 노상강도와 비슷하므로 방범책도 있을 것이다.

첫째, 음식의 섭취량을 줄이는 것이다. 쉽게 말해 덜 먹으면 산화될 물질이 적어 활성산소도 그만큼 적게 생기므로 소식을 무병장수의 방법 중의 하나로 권하는 이유도 여기에 있는 듯하다.

둘째, 격렬한 운동과 과로를 피하는 것이다. 그 만큼 몸 속에서 더 많은 양의 산소가 소모되기 때문이다.

셋째, 몸 속의 항산화 능력을 높이는 지속적인 수단을 찾는 것이다. 우리 몸은 스스로 활성산소를 처리하는 항산화 능력도 갖추고 있는데 나이를 먹을수록 이 기능이 떨어지며 처리능력이 부족하면 세포가 손상되어 각종 질병에 걸릴 수 있다. 특히 활성산소가 세포막의 지질성분을 공격하면 지질이 산화되어 과산화지질(Peroxide lipid)로 바뀌는데 이렇게 변질된 지방은 트랜스지방처럼 소변으로 배설되지 않고 조직과 장기의 표면과 혈관내벽, 피부에까지 침착되어 손상을 일으키고 세포막을 파손시켜 항산화제의 세포 내 유입을 가로 막는다.

요즘 흔한 질환인 아토피의 예를 보더라도 활성산소에 의해 변질된 지방이 아토피성피부염 중증화의 주원인이 되고 있다. 지금 50대 이후의 어른들이 자랄 때는 아토피성 피부염이 없었다. 인스턴트 식품이나 질 낮은 기름에 튀긴 과자(snack)를 먹을 기회가 거의 없었고 기름진 먹거리, 과식, 대기의 오염 등도 듣기 어려운 얘기였다. 이제 정리하자면, 활성산소의 특징이 약탈을 동반한 과격한 연쇄반응인데 이것을 끝내려면 딱 2가지 방법뿐이다. 앞서 얘기했듯이 '전자(electron)'를 주면 되는 것이다. 이것은 화학적 결혼으로 전자를 받은 활성산소는 순수히 안정되어 버린다. 나머지 하나는 연쇄반응에서 생겨난 활성산소의 반응성을 약하게 하여 얌전하게 사라지게 하는 것이다. 대표적으로 비타민C와 비타민E가 이런 방법으로 작용을 하며 비타민C는 활성산소와 반응하면 반응성이 없는 아스코르빌라디칼로 변하고 E는 반응성이 약한 토코페릴라디칼로 변한다. 즉 항산화제는 활성산소를 없애는 것이 아니고 반응성을 약하게 중화(Neutralization)하여 연쇄반응을 소멸시키는 것이다.

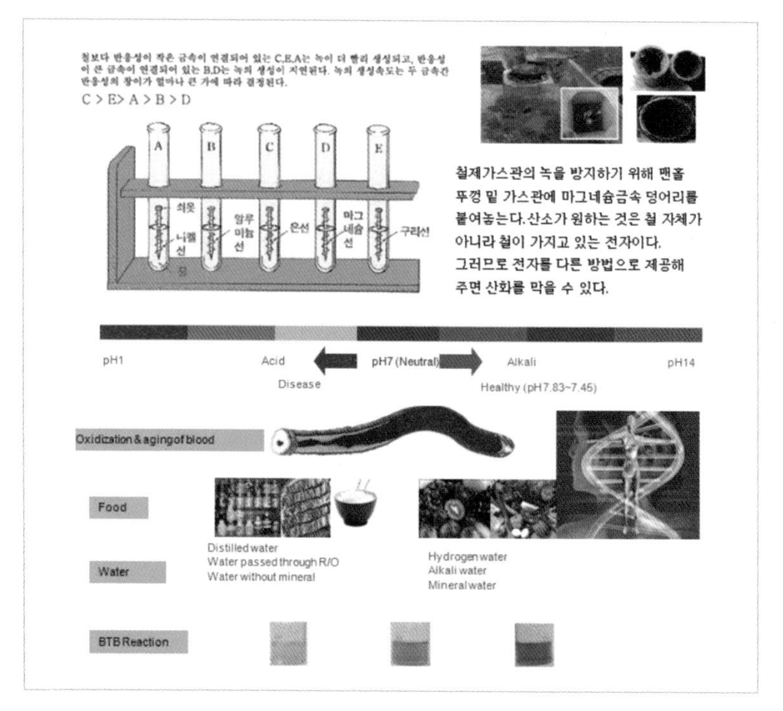

【출처: The Water In Your Body Edition152】

이 두 가지 관점을 생각한다면 노화를 지연시키고 실병을 예방하는 솔루션도 간단히 정리할 수 있다. 즉, 진정한 생존방식은 몸 속 산화의 정도를 줄이는 것이다. 시간은 나이를 재는 고유한 단위가 아니다. 얼마만큼 활성산소의 공격으로부터 방어할 수 있는지, 산화성 스트레스를 어떻게 처리하는지 등이 생체나이(건강나이)를 결정지어주는 진짜 나이이다. 만약, '전자'를 내어줄 수 있는 물을 마실 수 있다면, 물속에 항산화를 촉진시킬 수 있는 촉매미네랄이 녹아있다면, 활성산소의 반응성을 소멸시킬 수 있는 에이전트가 있다면, 내 몸의 진짜 속 나이를 매겨 줄 것이다.(What eat, what I am!) 따라서 여기에 바로 무병 장수의 길이 있다고 믿어진다.

【일본에서 시판중인 수소수】

일반적으로 항산화 물질을 섭취할 수 있는 대표적 방법이 과일과 야채, 신선한 과즙과 녹차 등이 있다. 이러한 물질 속에는 제철 제음식의 자연 속에서 얻을 수 있는 항산화 물질이 풍부히 들어있다. 따라서 전문가들의 연구에 의하여 식품치료학, 임상영양학, 생애주기에 따른 영양섭취 사항으로 권장되기도 한다. 사실 따지고 보면 요즈음의 세태는 영양결핍보다는 영양과잉이 문제가 되고 있어 몸 속이 무겁고 탁해져서 비만과 부수적 질병을 불러오고 있다. 특히 몸 속이 탁해지면 순환기장애와 함께 세포레벨에서는 독소와 노폐물이 쌓여서 우리 몸의 해독 시스템에 장애가 생긴다. 이것은 잘못된 식습관과 생활습관이 주요하게 작용하는데 당뇨의 예를 보더라도 과일 섭취가 여유롭지 않다. 즉 일상적인 과일섭취도 혈당의 증가로 나타나므로 주의하여야 한다. 주변에서 보면 항산화 영양물질의 간편한 섭취를 위하여 과일의 과육과 야채 등을 착즙하여 마시는 경우인데 우리 몸은 이러한 형태의 섭생에는 아직 익숙치 않다. 지난 50년 동안 인류의 식생활 변화는 과거 5,000년 동안의 변화보다 극심하였다.

9. 물속의 산소는 이롭다

우리 몸에 산소를 공급하는 방법은 숨을 쉬는 것과 피부 호흡뿐이다. 실내에 산소가 부족하면 호흡 때문에 가슴이 답답하고 물 속에 몸을 담그면 숨이 가빠지는 것도 피부를 통한 산소 호흡이 차단되었기 때문이다. 그렇다면 물 속에 녹아 있는 산소(용존산소량: Dissolved Oxygen)는 어떠한 역할을 할까? 바로 점막을 통하여 모세혈관으로 흘러 들어가고 혈관 순환계의 일부가 된다. 따라서 혈액은 산소가 풍부하여지고 전체 혈액의 산소함유량을 증가시키며 산소를 운반하기 위한 적혈구도 증가하므로 혈류량이 늘어나 혈액순환을 촉진시킨다. 즉, 산소는 일반적으로 인식되듯이 단지 폐나 피부를 통해서만 얻을 수 있는 것이 아니다. 산소는 용존산소농도(D. O)가 높은 물을 마심으로써도 얻을 수가 있다.

이제는 물속의 산소의 중요성에 대하여 설명하고 싶다. 우리가 마시고 있는 물의 대부분은 취수과정과 살균과정을 거쳐 공기와의 접촉이 줄어든 긴 상수도의 급수과정을 거치므로 1차적으로 산소함유량은 낮아질 수밖에 없다.

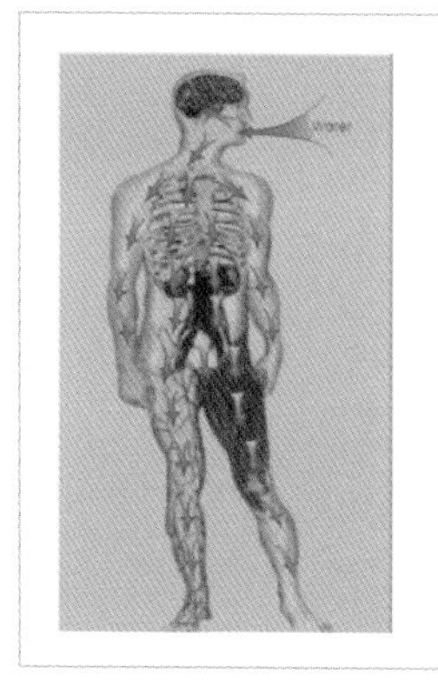

물은 마신 지 30초 후면 혈액에 도달하고
60초 후면 뇌조직과 생식기에 도달하며,
10분 후에는 피부에, 20분 후에는 장기에
도달하고, 30분이면 인체의 어느 곳이든
직접적인 영향을 줄 수 있다.

물을 끓이거나 증류과정을 거치면 물속의 산소는 더욱 기대할 수가 없다. 한의학에서 폐를 원기(Vitality)로 보는데 이는 산소가 바로 생명의 근원을 이루는 원소이기 때문이다. 물에 용해된 산소는 위 점막을 통해 모세혈관으로 이동하는데 산소가 풍부한 물을 천천히 마시면 구강점막과 소장벽을 통하여 흡수되어 소화시스템과 내장기관에 긍정적인 효과를 강화시킨다. 인간의 건강한 세포는 산소를 꼭 필요로 하고 산소와 인체의 기본적인 관계는 아주 친밀하다. 반대로 암세포는 변이되어 산소를 필요치 않는 세포이므로 산소를 싫어한다. 이것은 암을 비롯한 질병과 관련된 박테리아나 바이러스는 산소가 있으면 살지 못하는 혐기성, 즉 산소를 싫어하는 생물이기 때문이다.

암을 비롯한 "모든 질병의 원인은 산소결핍증에서 비롯된다."

라는 연구는 두 번씩이나 노벨상을 수상한 바 있다. 번 옛날 생명의 기원을 논하자면 원시 생명체는 산소와의 처절한 싸움이었다. 행성의 대기에 산소가 존재하는지 여부는 바로 생명의 존재 여부를 가리킨다. 즉, 물은 생명이 존재할 수 있는 가능성을 나타내지만 산소는 그 가능성이 실현되었음을 뜻한다. 산소가 생명현상에 미치는 영향을 쉽게 이해하자면 멕시코시티처럼 고도가 높아 산소압력이 낮은 곳에 사는 환자는 산소 압력이 더 높은 평지로 옮길 경우 회복될 확률이 높게 나타난다. 비슷한 예로 심장혈관 질환 환자들은 고도가 높은 곳보다 해수면 높이에 가까운 저지대에서 더 편해지고 치료효과가 높으므로 바닷가 지역들은 좋은 환경을 갖추고 있다고 할 수 있다. 즉, 산소 농도의 미묘한 차이가 노약자에게는 큰 영향을 미치고 있음을 알 수 있다.

붉은 피는 상징적인 의미가 생명과 건강, 열정을 뜻한다. 이것은 적혈구 안에서 산소와 헤모글로빈 사이에 화학적인 결합(Oxyhemoglobin)이 일어났다는 것을 보여주며 생명의 불꽃을 이룬다. 반대로 검붉은 피는 산화되었음을 뜻하며 생명이 사그라든 찌꺼기이다. 이 사실은 산소가 풍부한 물이 바로 붉은 피를 이루며 검은 피는 산소가 소모되어 고갈된 혈액이다. 한 잔의 물속에는 대략 8ppm정도의 산소가 녹아 있다. 우리 몸 속에서 산소를 가장 많이, 그리고 우선적으로 소모하는 곳이 바로 뇌세포와 간세포이므로 산소가 풍부히 녹아 있는 물을 마시면 두뇌활동과 간 기능을 향상 시킬 수 있다. 물속의 산소는 물 분자 덩어리(Cluster)와 덩어리 사이에 존재하는데 [O2(H2O)n] 물을 끓이면 산소는 날아간다. 따라서 물속에 녹아 있는 산소의 양은 온도에 비례하므로 온도가 낮을수록 용존산소량은 증가한다. 특히, 물의 분자구조를 치밀하게 만들어주면 물 분자 클러스터가 조밀하여지므로 같은 용적 안에 많은 숫자의 공극이 증가하여(High pores) 용존 산소량을 높일 수 있다. 대표적으로 6각수가 이러한 특징을 나타내는데 산소가 녹아 있을 수 있는 최대값을 넘어서므로(과포화상태: Supersaturation) 6각수는 일반물보다 약 120%의 과포화된 산소량을 얻을 수 있다. 물속에 산소가 증가하면 흩어져있는 수소분자를 끌어당겨 물의 구조성도 좋아지므로 수소결합에 의해 유지되는 효소의 활성이 높아지고 신체 조직에 긍정적인 효과를 기대할 수 있다.

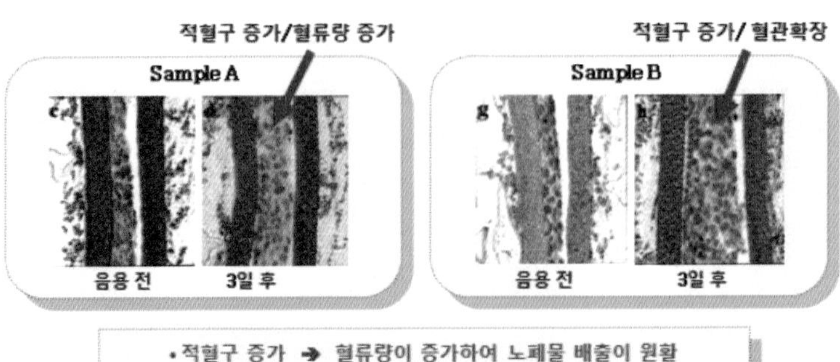

【산소가 체내에 흡수되었을 경우 혈류 변화】

일반적으로 산소가 부족한 물은 건강에 더 보탤 것이 없다. 끓인 물, 증류한 물, 역삼투압 방식으로 정수한 물 등은 산소의 함량이 매우 낮은 물이다. 건강은 사소한 것이 쌓여서 내 몸에 나타나는 것이 자연의 이치이다. 오후가 되면 다리가 무거워지고 피로가 몰려드는 것도 산소가 부족하여 체내에서 당분이 완전연소가 되지 않아 젖산이 증가하였기 때문이다. 더욱이 나이를 먹으면 호흡이 얕아지고 유산소 운동량이 줄어들어 자주 무력감을 느끼게 되고 활력이 떨어지는 것은 산소의 영향이 크기 때문이다. 따라서 유산소 운동의 효과는 체중감소만이 아니라 빠른 산소 공급으로 몸에 활력을 높여주고 노폐물의 배출을 돕는다. 우리 몸의 중요한 요소인 콜라겐과 리그닌은 근육, 피부, 장기,

관절의 결합조직을 지탱하는 필수물질인데 이것도 산소와 비타민C가 있어야 합성되므로 산소가 모자라면 그만큼 결합조직이 약해진다. 따라서 관절의 유연성이 떨어지고 피부가 약해지므로 근육과 피부의 탄력도 산소의 영향을 받고 있으므로 산소미인이란 표현은 틀린 말이 아니다. 한마디로 산소가 없이는 우리 몸을 지탱할 수조차 없다. 무릇 생명이란 이처럼 산소를 먹고 사는 일이다. 흑해산 철갑상어의 캐비어도 심해 속에서 엄청난 산소를 포화하고 있기 때문에 호사가들이 즐기고 있다. 옛 기록을 보면 신선들이 이슬만 먹고 산다고 하였는데 바로 이슬 속에 포화된 산소의 원기 덕분이 아닌가 상상된다. 우리가 이러한 호사를 부리고 선인들을 흉내 낼 수는 없지만 일상에서 산소가 풍부한 물을 마음껏 마실 수 있다면 그 또한 축복이다.

10. 물속의 젤라틴 – 피부이야기

건강한 피부유지에 물은 필수적인 요소이다. 피부는 나이가 들면서 수분이 줄어들게 되는데 표피층이 얇아져서 수분을 유지하는 기능이 약해지기 때문이다. 피부와 모발의 수분함량이 10%이하가 되면 건성이라고 할 수 있다. 특히 여성에게는 피부 건강과 미용이 다른 신체부위의 건강보다 더욱 중요하게 여겨지는데 미용과 관련된 피부의 부위는 피부 표면의 각질층이다. 우리가 눈으로 보는 '피부'란 각질층을 뜻한다. 각질층의 구조는 젤라틴(Gelatin)처럼 단백질이 풍부한 각질 세포와 그 사이를 채우고 있는 지질(Lipid)로 이루어져 있다. 각질층은 수분과 유분으로 이루어진 피지막으로 덮여 있으며, 수분과 전해질의 손실을 막고 외부손상과 세균의 침투로부터 보호하고 피부의 건조를 막아주는 동시에 수분을 끌어들이는 친수성이 있어 피부를 촉촉하고 매끄럽게 해준다. 그러나 현대사회는 각종 공해와 수질오염, 환경문제 등으로 피부가 민감하여지고, 아름답게 가꾸고자 하는 욕구는 유분이 많은 화장품의 과잉흡수와 메이크업으로 인하여 피부호흡과 노폐물의 배출을 방해하여 오히려 피부노화를 촉진하기도 한다.

생체 조직은 물에 둘러 싸여 있다. 생체 내부의 물은 단백질, 탄수화물 등과 수소결합을 통해 존재하며 그 특성을 나타내는데 이러한 물을 결합수(bound water), 또는 구조수(Structured water)라고 부른다. 보통의 물은 자유수(Free water)라고 부르며 0℃에서 얼고 100℃에서 끓는다. 그러나 생체내의 결합수는 자유수에 비해 잘 얼지 않고 높은 온도에서도 쉽게 증발되지 않는다. 즉, 생체분자 주변의 물은 보통의 물보다 밀도와 비중이 높아 잘 증발되거나 얼지 않는다. 그래서 고온사우나를 하여도 피부가 바싹 마르지 않고 빙점 이하의 극지에 노출되어도 피부가 얼어터지지 않는 것은 이러한 이유 때문이다. 따라서 피부에는 결합수가 많을수록 보습효과가 좋으며 오랫동안 촉촉함을 유지할 수 있다. 앞서 우리 몸은 나이가 들수록 결합수보다 자유수가 증가한다고 이미 설명한 바 있다. 피부는 나이가 들수록 자외선에 노출되면 피부노화가 가속되는데 이것은 그 만큼 피부 속의 수분이 줄어들어 물 분자의 진동에 의한 자외선 흡수효과가 반감되기 때문이다.

세포 속의 물은 오른쪽 그림처럼 생체분자를 둘러싸고 있으면서 이 생체분자와 직접 수화하는 Z층, 가장 바깥쪽에 있어서 생체분자로부터 자유롭고 뿔뿔이 흩어진 상태의 물인 X층, 그 중간 상태인 Y층의 3가지 상태가 있으며, 각 층의 물은 다른 특성을 지니고 있다.

【출처: 6각수의 수수께끼, 전무식박사, 김영사 1995】

물과 피부의 관계를 좀 더 구체적으로 살펴보자. 피부표면에 있는 피지의 친수성 부분은 천연 보습인자(NMF)라는 방어군을 형성하여 피부의 수분보유량을 조절하고 각질층의 건조를 방지

한다. 만약 수분량이 적어지면 각질층은 두꺼워지고 피부 결이 거칠어져 피부노화가 촉진될 것이다. 또한, 진짜 속살미인을 원한다면 피부를 탄력 있게 유지하여야 한다. 이를 위해서는 진피층의 교원섬유(collagen fiber)와 탄력섬유(elastic fiber)가 잘 짜여져야 하고 진피의 수분량이 풍부하게 보존되어야 가능하다. 진피가 보유한 수분은 보통의 물과는 다르게 강하게 결합되어 쉽게 빠져 나갈 수 없는 결합수이므로 이러한 물을 매일 마신다면 높은 보습효과와 탄력성으로 진짜 피부미인을 꿈꿀 수 있다.

인체내의 자유수와 결합수의 특징

X	자유수	통상 물과 같이 분자가 빠르게 움직인다. 0℃에서 언다.
Y	약한결합수	통상의 물의 1,000분의 1의 속도로 분자가 느리게 움직인다. -20℃정도에서 언다.
Z	강한결합수	통상 물의 1,000,000분의 1의 속도로 분자가 느리게 움직인다. 어는 온도는 -100℃정도이다.

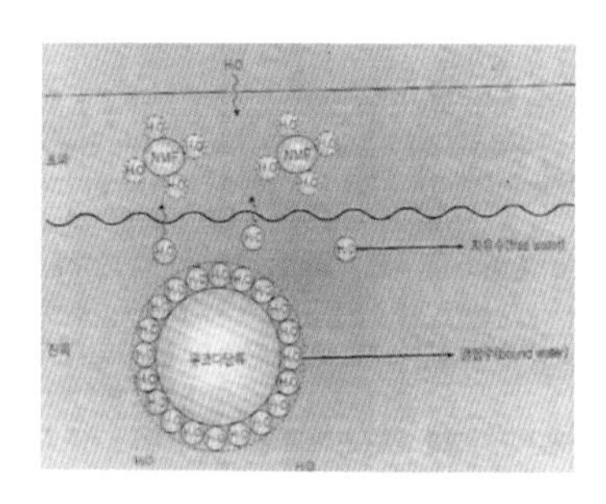

【Fig2. 피부 속의 자유수와 결합수】

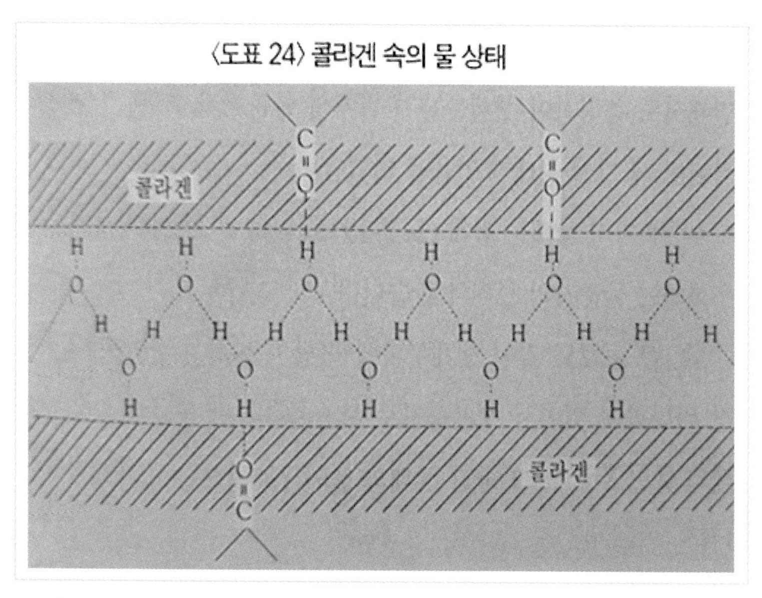

〈도표 24〉 콜라겐 속의 물 상태

【콜라겐 속의 물 상태: 인체는 6각수를 좋아한다, 전무식, 김영사 1995】

피부속살의 변화는 진피의 노화로 나타난다. 탄력과 수분이 떨어지게 되면 이러한 변화는 주름, 피부의 처짐, 색소침착, 색조변화, 피부표면 형태의 변화 등으로 나타나므로 구조화된 결합수야 말로 '마시는 속살 화장수'라고 할 수 있다. 물만 자주 마셔도 피부에는 반가운 일이지만 피부에 더욱 효과적인 물의 기능은 다음의 조건들이 기본적으로 필요하다.

첫째, 물의 구조가 치밀하고 미세한 덩어리의 물(Micro cluster)이 좋다. 그 이유는 이러한 물이 인체의 활성을 증진시키고 세포조직으로의 물 분자의 침투력이 높아 흡수가 용이하므로 각질층의 수분함유량을 증가시키기 때문이다. 생체 친수성이 높은 6각수가 바로 이러한 역할을 한다.

둘째, 순수한 물보다는 미네랄의 밸런스가 적당한 물이 좋다. 이것은 손상된 피부장벽의 회복률 증진에 미네랄이온의 등장성(삼투압) 효과가 효율적이기 때문이다. 모든 세포는 칼슘이온이 전달하는 신호에 의해 정보를 전달받아 정상적인 기능을 유지하므로 미네랄의 역할은 더욱 중요하다고 할 수 있다. 특히 물속의 규소이온은 상처받은 세포를 복구하고 콜라겐과 엘라스틴, 히알루론산을 연결하여 탱탱한 피부를 유지시켜주는 피부노화 방지제이다.

셋째, 알칼리성의 물이 좋다. 우리 몸은 체액이 산성으로 떨어지지는 않는다. 완충장치가 있기 때문이다. 그러나 피부 층은 몸 속 노폐물과 죽은 각질 세포들이 밀려나가는 통로로 표피의 각질층은 약산성을 띠고 있으며 그 내부 조직은 약알칼리성을 유지하고 있다. 이러한 pH 레벨의 차이가 피부에 전위(Electric potential)를 발생시켜 유해한 물질의 몸 속 침투를 막고 있으므로 피부 조직층의 환경을 약알칼리성으로 유지하기 위해서도 알칼리성의 물을 마셔야 한다.

밤에는 피부호흡이 낮보다 두 배가 활발하여지므로 몸 속 찌꺼기도 주로 밤에 피부를 통하여 배출된다. 이것은 수면 중에 약간의 땀을 흘린다는 사실로 누구나 경험할 수 있다. 따라서 수면 중에는 피부에 더욱 수분이 필요하게 되므로 나이트크림으로 모공을 막는 것 보다는 물 한 컵 마시고 자는 것이 훨씬 이롭다. 특히 건조한 실내 환경 속에서의 수면은 각질층의 수분감소를 일으켜 잔주름이 증가할 수 있으며 피부장벽기능의 저하로 미세입자의 피부침투가 많아져 아토피와 같은 알레르기성 질환과 피부염증을 유발할 수 있다. 따라서 몸 속은 밤새 청소를 하므로 원활한 혈액 순환을 위해서도 물을 마시고 자는 습관은 피부미용과 건강유지에 필요한 하루의 마무리라고 할 수 있다. 이래저래 피부는 목마르다. 좋은 물의 선택과 자주 마시는 습관이 중요할 수밖에 없는 이유이다.

11. 물과 생활과학

오랜 전의 얘기다. 젊은 시절을 KIST에서 보냈는데 연휴가 겹쳐서 서울을 떠났고 추풍령을 넘어 황간의 조그만 시골역에서 밤을 맞았다. 자정 무렵 쏟아지는 달빛을 이기지 못하여 시골서점을 뒤져 시집 두어권을 샀고 맑은 물살위로 달빛이 휘영청 쏟아지는 넓은 개울가에 앉아 밤새워 읽었다. 뽀얀 물안개에 신기루처럼 미루나무 숲이 있었고 쏟아지는 달빛에 흐르는 물결은 유난히도 흐름소리가 요란하여 마치 아이들이 아우성치는 소리 같았다. 가평의 운악산 현등사 계곡에서의 경험은 한 참 후였다. 작은 폭포 언저리에서 비박을 하였는데 소용돌이치며 흐르는 물소리가 밤새 어찌나 웅장하던지 가슴이 징징 울렸다. 그리고 비로소 깨달았다. 낮과 밤에 따라, 빛과 소리와 기압과 온도의 차이에 따라 물은 에너지와 그 활성이 다르다는 사실을, 물이 생명체란 사실을! 보름달이 뜨는 밤에 물은 가장 차가워 진다. 흐름도 거세어지고 활력이 넘친다. 이때는 아르키메데스의 원리도 맞지 않고 물보다 무거운 물질을 옮길 수 있다. 물은 단순히 화학구조식 H2O로 표시되는 화합물이 아니라 살아있는 유기체이다. 사람의 체온이 0.1℃만 차이가 나도 영향이 있듯이 물도 생명체로서 수온이 조금만 차이 나도 물의 활성에는 큰 변화가 일어난다. 그러므로 물이 특별한 활력이 없는 단순한 액체에 불과하다는 생각은 너무나 단순한 생각일 뿐이다. 지구상의 모든 생물은 물에 의지하여 살아가므로 물은 가장 근본적인 에너지를 제공하는 실질적인 매체(Agent)라는 사실을 잊어서는 안 된다.

그 동안 물 이야기를 하면서 꼭 당부 드리거나 강조하고 싶은 이야기를 덧붙이고자 한다. 어떤 물을 마셔야 하는가는 많은 사람들의 염려가 되었기 때문이다. 우선 차가운 물이 좋다는 것이다. 영상 4℃의 물이 밀도가 가장 높고 활성이 좋으나 냉장고의 냉장온도(10~12℃) 정도면 충분하다. 차가운 물은 구조화된 6각수의 비율이 높기 때문에 생리활성이 좋아지고 신체에 활력을 준다. 이는 실제 많은 동식물의 생리활성 실험을 통하여 입증되고 있다. 이와 반대로 미지근한 물은 물 분자의 진동이 교란되어 무질서도(Entropy)가 증가하고 이것이 DNA에도 영향을 미쳐 돌연변이가 관찰되었다는 보고가 있다. 유전세포의 돌연변이는 기형과 암에 관련이 있다.

두 번째는 고여있는 물보다는 에너지의 흐름이 자연스럽게 접촉된 물이 좋다. 물은 살아있는 유기체이므로 무엇과 접촉하였는지, 어떠한 에너지를 경험하였는지, 어떤 정보를 수용하였는지, 모두 기억하고 영향을 받는다. 이것은 우리가 어릴 적 기억이나 환경이 자신을 형성하고 간직된 기억이 평생에 걸쳐 그 영향을 끼치는 것과 같다. 한마디로 물을 잘 대접하라는 뜻이다. 구심성 나선운동(Vortex-Implosion)은 대자연의 역동적인 창조와 생명을 이루는 중요한 원리로 자연이 선호하는 방식이다. 인간이 선호하는 직선적인 팽창운동 방식은 자연의 조화를 파괴하고 위험한 상황으로 치닫게 하는 파멸의 방식이다.

그러므로 인위적인 방식으로 정수된 물은 조화와 균형이 사라진 물이다. 6각수는 물의 신비로운 비밀을 드라마틱하게 보여주는 사례로 구심성 나선운동은 소용돌이를 통하여 에너지를 발생시키고 미네랄은 물의 활성화에 촉매작용을 한다. 즉 생자기장이 발생하여 전하를 띠고 있는 이온도체들이 전기적인 활성을 갖게 된다. 또한 물속에 구조형성 미네랄이 많아졌다는 것은 생체활성 면에서 파워가 높은 물이 되었다는 뜻이다.

세 번째로, 중요한 것은 물을 마시는 습관과 마시는 양이다. 요즈음 물 한 병이 포도주 한 병보다 더 비싸게 팔리기도 하는데 (블링H2O-U$40/700ml) 물은 식사 때 한정적으로 마시는 음료가 아니다. 대부분의 통증과 만성질환의 근본적인 원인은 신체 내부의 '탈수'임을 잊지 말기 바란다. 체액은 H2O만이 아니기 때문에 용매(Solvent)로서의 물과 그 속에 녹아있는 용질(Solute)도 필요하다. 다시 강조하지만 아직도 순수한 물을 주장하거나 물에 녹아있는 무기질 미네랄(광물질, 금속원소)이 해롭거나 쓸모가 없다고 설명하는 경우가 있다. 그렇다면 혈액으로 주입되는 수액제(링거액)에 왜 0.9%의 나트륨과 무기질이 들어있는지를 생각해 볼 필요가 있다. 체액 속에서 무기질 미네랄의 역할은 생명유지에 중요하다. 그 무서운 반대의 예로 미국에서 사형수에게 사용하는 방법이 고농도의 염화칼륨(KCL)을 혈관 속에 주입하여 심장의 기능을 정지 시키기도 한다.

[2부]

알칼리 환원수 Q&A

| 2부 |

알칼리 환원수 Q&A

1. 어떤 물이 좋은 물인가요?

우리 몸을 건강하게 하는 생명의 물은 다음의 조건들을 열거하고 있습니다.

① 인체에 유해한 오염물질이 제거되어야 합니다.

② 인체와 같은 알칼리성이어야 합니다.

③ 인체에 필요한 미네랄을 충분히 함유하고 있어야 합니다.

④ 물의 구조를 치밀하게 해주는 6각수가 풍부해야 합니다.

⑤ 활성산소를 없애는 능력이 있어야 합니다.

⑥ 물에 좋은 기운이 담겨 있어야 합니다.

science.
THE STRAITS TIMES SATURDAY, AUGUST 21 2010 PAGE 08
Drink water to stay healthy

【출처: The Straits Times, August21 2010, National Geographic Water】

2. 자연미네랄이란 무엇인가요?

화학적 합성물질이 아니라, 우리 몸에 좋은 미네랄이 풍부한 알칼리 환원수를 생성시킬 수 있는 자연계의 물질을 말합니다.

3. 미네랄은 일반 음식으로 섭취해도 되지 않을까요?

미네랄이 풍부한 음식을 먹는 것은 건강을 유지하는 좋은 방법입니다. 하지만 바쁜 생활 속에서 음식을 가려먹는 것은 쉽지 않습니다. 식품 속의 미네랄은 유기화된 영양성분으로 결합되어있기 때문에 그 결합을 풀어야 수용성 이온상태로 작용(reaction)을 할 수 있습니다. 따라서 이온화된 미네랄이 풍부한 물을 직접 마시는 것은 매우 중요합니다.

【출처: Hydrogen n ROS Edition160】

4. pH란 무엇인가요?

물속에 수소이온 농도가 얼마나 되는가를 표현하는 단위입니다. pH값은 -log[수소이온 농도]로 계산하는데, 그 값은 1~14까지 있으며, 중성인 7을 기준으로 낮을수록 산성, 높을수록 알칼리성이 강해집니다.

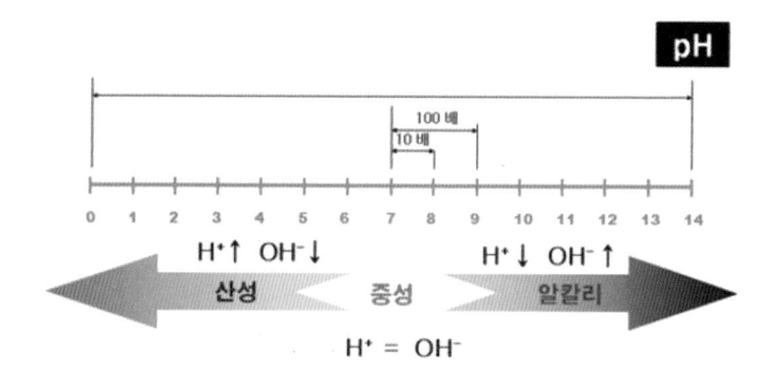

【출처: Water Physiology Edition112】

5. 우리 몸은 산성인가요 알칼리성인가요?

우리 몸이 산성인지 알칼리성인지는 혈액, 림프액, 조직액 등 체내의 액체가 산성인지 혹은 염기성인지를 말하는 것인데, 건강한 사람의 체액은 일반적으로 pH 7.35~7.45의 약알칼리입니다. 따라서 식사를 할 때 체액이 산성으로 기울지 않도록 알칼리성 식품을 충분히 섭취하는 균형이 필요합니다.

<인체 내부의 산성-알칼리성 분포도>

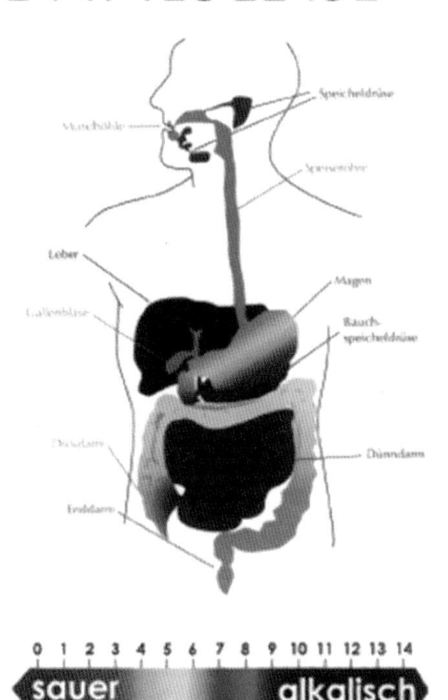

【출처: Jungbrunnen Wasser German 2011】

6. 알칼리 환원수(還元水)란 무엇인가요?

산성화된 인체를 원래의 상태로 환원시키는 알칼리성의 물을 뜻합니다. 이 물은 만병의 근원으로 알려져 있는 활성산소를 가장 자연스러운 방법으로 제거함으로써 인체의 항상성을 회복하고 인체의 자연치유력을 향상시킵니다. 알칼리 환원수의 효능은 일본 큐슈 대학 시라하타 사네타카(白畑實隆) 교수 등에 의해 일반화된 바 있으며, 많은 임상결과들을 가지고 있습니다.

BIOCHEMICAL AND BIOPHYSICAL RESEARCH COMMUNICATIONS **234**, 269–274 (1997)
ARTICLE NO. RC976622

Electrolyzed–Reduced Water Scavenges Active Oxygen Species and Protects DNA from Oxidative Damage

Sanetaka Shirahata,[1] Shigeru Kabayama, Mariko Nakano, Takumi Miura, Kenichi Kusumoto, Miho Gotoh, Hidemitsu Hayashi,* Kazumichi Otsubo,** Shinkatsu Morisawa,** and Yoshinori Katakura

*Institute of Cellular Regulation Technology, Graduate School of Genetic Resources Technology, Kyushu University, 6-10-1 Hakozaki, Higashi-ku, Fukuoka 812-81, Japan; *Water Institute, Nisshin Building 9F, 2-5-10 Shinjuku, Tokyo 160, Japan; and **Nihon Trim Co. Ltd., Meiji Seimei Jusou Building 6F, 1-2-13 Shinkitano, Yodogawa-ku, Osaka 532, Japan*

Received March 21, 1997

【출처 시라하타 사네타카 박사 논문. BBRC지. 1997】

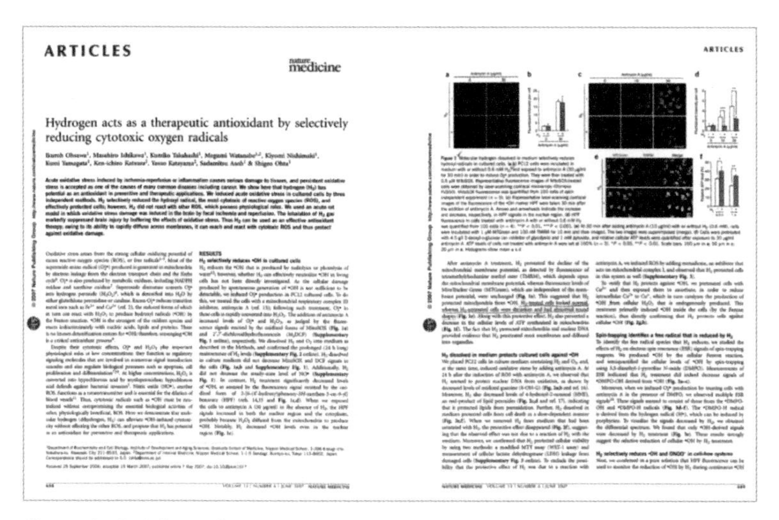

ARTICLES

nature medicine

Hydrogen acts as a therapeutic antioxidant by selectively reducing cytotoxic oxygen radicals

RESULTS

【수소가 선택적으로 활성산소에 항산화 역할을 한다는 네이쳐 의학지 연구논문】

7. 환원력이란 무엇인가요?

산화력의 반대개념으로 산화를 억제, 예방하는 힘을 뜻합니다. 산화환원전위(ORP-Oxidation Reduction Potential)란 산화와 환원의 정도를 의미하는데 산화력이 있는 물은 +mV로 표시되고 환원력이 있는 물은 -mV로 표시하며 -mV가 낮을수록 환원력이 크다는 것을 의미합니다.

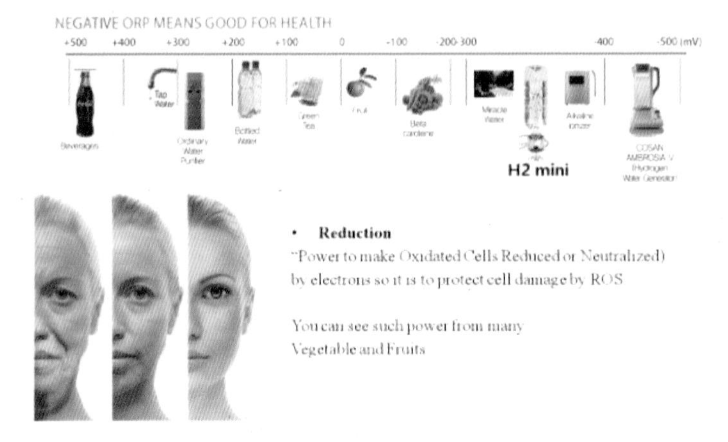

【출처: Hydrogen dissolved Water-The ideal anti-oxidant Edition157】

8. 좋은 물이란 알칼리 환원수를 말하고 이온 미네랄이 결정합니다.

인체내의 에너지 이동은 이온 미네랄에 의하여 전달됩니다. 미네랄이 녹아있는 물이 전기가 통하는 이유입니다. 즉 미네랄이 (+)혹은 (-)전기를 띄고 있기 때문에 이러한 전하가 움직이는 과정에서 전기를 전달하는 것입니다. 따라서 이온미네랄이란 전하를 띈 미네랄로써 전자를 주고 받는 과정에서 에너지가 전달되므로 에너지는 이온 미네랄에 의해 움직이게 됩니다. 그러나 설탕 물은 전기가 통하지 않습니다. 즉 이온 상태가 아니고 분자 상태로 전자를 주고 받을 수 없기 때문에 전기가 통하지 않는 것입니다. 제 1회 노벨 화학상을 받은 반트호프(Van't Hoff) 박사는 모든 생명활동은 이온에 의하여 작용함을 밝혔습니다.

9. 알칼리수는 어떻게 만들어지나요?

일반적으로 알칼리토양은 알칼리수와 알칼리성 식품을 생산하므로 이러한 물과 식품을 섭취하면 알칼리 체질을 유지할 수 있습니다. 그러나 수돗물과 시판되는 대부분의 Bottled water, 그리고 정수필터를 거친 물은 산성 또는 중성을 띄고 있습니다.

pH Miracle Secret

- The human body organism is alkaline by design and by function.
- If we will maintain this alkaline design of our body through a alkaline lifestyle and diet we can prevent ALL sickness disease.

【출처: Robert O. Young, Ph.D., and Shelley Redford Young WARNER BOOKS 2002】

10. 전기분해 방식과 자연미네랄 복합 방식의 특징은 무엇인가요?

생체친화적인 알칼리 환원수를 생성한다는 의미에서는 큰 특징이 있습니다. 전기분해는 +, - 전류를 통하여 알칼리수 쪽으로 미네랄을 모으지만 음이온계 미네랄은 모을 수가 없습니다. 또한 수돗물(원수)에 미네랄이 부족하거나 R/O 방식으로 걸러진 물은 미네랄이 존재하지 않으므로 수산이온(OH)만 증가하여 pH 레벨이 상승된 반쪽짜리 알칼리수입니다. 그러나 자연미네랄 복합방식의 알칼리 환원수는 음이온계 미네랄뿐만 아니라 우리 몸에 가장 중요한 칼슘, 마그네슘, 아연, 칼륨, 나트륨, 규소 등의 미네랄을 수용성 이온상태로 증가시켜 미네랄 결핍을 보충해 줍니다.

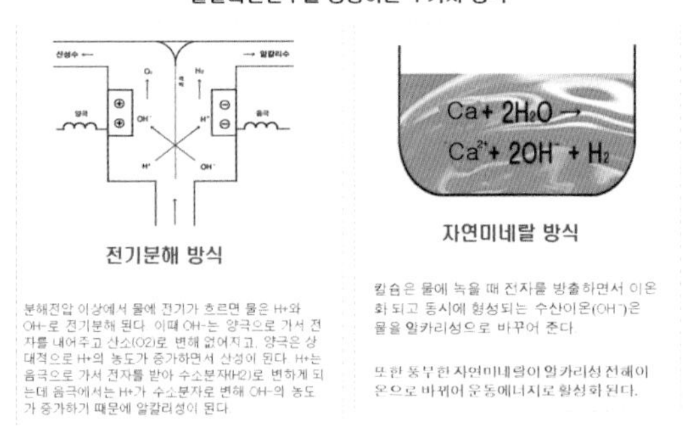

【출처 Water Physiology Edition80】

11. 활성산소의 역할은 무엇인가요?

활성산소는 적당량이 있으면 세균이나 이물질로부터 몸을 지키지만 너무 많이 발생하면 정상세포까지 무차별 공격, 각종 질병과 노화의 주범이 된다고 알려져 있습니다. 즉, 환경오염과 화학물질, 자외선, 혈액순환장애, 스트레스 등으로 과잉 생산된 활성산소는 인체의 정상적인 DNA와 세포, 조직을 공격하며, DNA의 유전정보를 파괴하고 세포막을 붕괴시키며 비정상적인 세포단백질을 형성하여 정상세포가 변이세포로 바뀌게 됩니다.

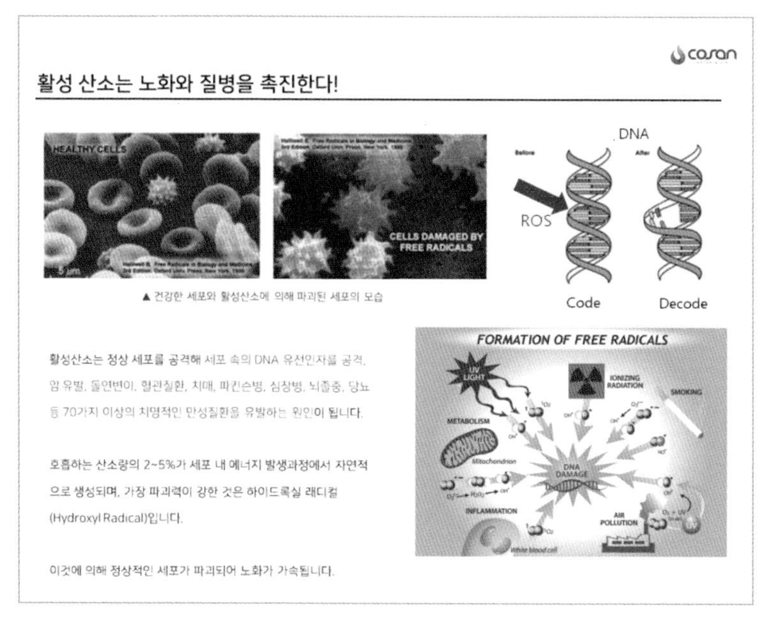

【출처: Hydrogen dissolved Water-The ideal anti-oxidant Edition155】

12. 물속의 활성수소가 왜 중요한가요?

활성산소는 쇠를 녹슬게 하고 음식을 산화·부패 시키듯이 우리 몸을 녹슬고 부패시켜 질병을 일으키고 노화를 촉진하는 물질입니다. 활성수소가 중요한 이유는 바로 이 활성산소를 제거하는 능력을 지니고 있기 때문입니다. 활성수소는 몸 안의 활성산소와 결합하여 물이 되고 이 물은 안전하게 몸 밖으로 배출됩니다. 활성수소가 풍부한 알칼리 환원수는 난치성 질환인 암과 당뇨병을 비롯한 고혈압, 협심증, 알레르기 질환, 아토피성 피부염, 만성 위장질환을 치유할 수 있는 능력이 있는 것으로 보고되고 있습니다.

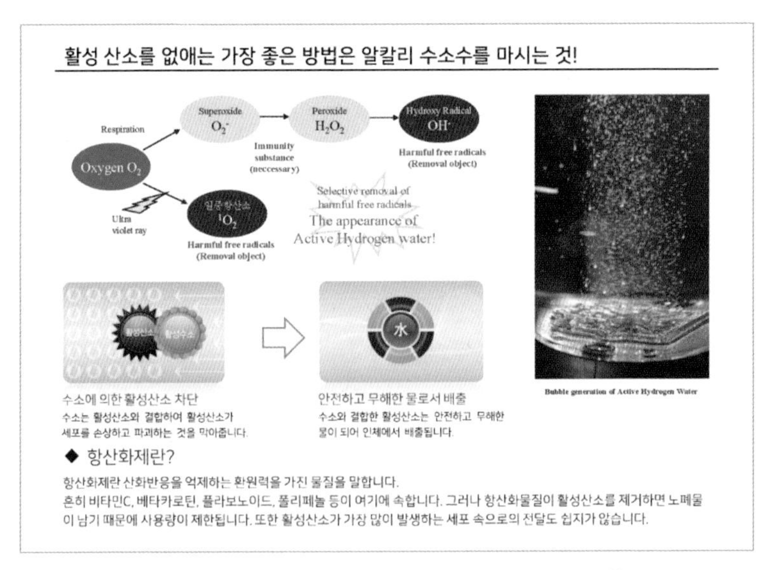

【출처 Hydrogen Water Generator Edition145】

13. 칼슘(Ca)의 기능은 무엇인가요?

칼슘은 미네랄 중 가장 중요한 원소라고 할 수 있습니다. 체중의 2%를 차지하며 99%는 인산칼슘의 형태로 206개의 뼈와 32개의 치아를 형성하고 나머지 1%는 단백질과 결합하거나 칼슘 이온 형태로 몸의 조직에 함유되어 근육운동, 신경전달, 혈액응고, 불안초조 증세 완화, 호르몬 작용 등을 합니다. 칼슘이 부족하면 골다공증, 어깨결림, 두통, 비만, 불안초조, 동맥경화, 고혈압, 심근경색, 간장 질환, 당뇨병 등이 생길 수 있습니다. 현대인들은 산성식품을 선호합니다. 체액의 산성화는 칼슘의 섭취를 방해합니다. 예를 들어 골다공증을 예방하기 위해서 칼슘을 많이 섭취하는 것보다 체액을 알칼리성으로 유지하는 것이 더욱 중요하다고 할 수 있습니다.

14. 마그네슘(Ma)의 기능은 무엇인가요?

마그네슘은 칼슘과 함께 미네랄 균형을 맞추는 데 필수적인 요소로 미네랄의 멀티플레이어 입니다. 많은 현대인들이 칼슘뿐 아니라 마그네슘 결핍 상태라고 할 수 있으며, 마그네슘이 부족하면 몸 속 600여 가지의 효소가 제 기능을 발휘할 수가 없습니다. 마그네슘은 각종 효소기능 보조, 스트레스 해소, 칼슘이 체내에 잘 흡수되도록 도와주며, 신경흥분작용 억제, 체온조절, 소화불량 완화, 칼슘의 침착, 신장결석을 방지합니다. 부족하면 경련, 협심증, 심근경색, 신부전, 동맥경화, 혈전증, 백혈병 등이 발생할 수 있습니다. 특히 마그네슘이 부족하면 탄수화물 대사가 원활하지 못하여 우리 몸을 쉽게 피로한 상태로 만듭니다.

15. 나트륨(Na)과 칼륨(K)의 역할은 무엇인가요?

나트륨과 칼륨은 산성과 알칼리의 평형, 혈압유지, 당질과 단백질 대사 과정에 생화학적 기능을 수행합니다. 결핍되면 당뇨, 설사, 요산증, 에디슨병, 구토, 쿠싱병 등을 유발합니다.

16. 아연과 규소의 역할은 무엇인가요?

아연과 규소는 미량 미네랄로 1974년 이후 과학협회에 의해 필수 미네랄로 인정되었습니다. 아연은 뇌 속의 거의 모든 효소 반응에 관여하고 인슐린을 비롯한 소화와 신진대사에 관련된 25개 효소의 성분입니다. 갑상선 기능에 필수적이며 단백질 합성과 콜라겐 형성을 돕고 면역체계를 촉진시킵니다. 규소(Si)는 음이온계의 아주 중요한 미네랄로 강력한 항산화력으로 전신의 장기, 조직이 활성산소에 의해 산화되는 것을 방지할 수 있습니다. 특히 인체의 뼈 성장에는 규소가 칼슘과 함께 필수적이며 혈관의 노화방지와 재생의 중요한 재료가 바로 규소입니다.

17. 미네랄의 부족은 당신을 병들게 합니다.

우리 몸은 미네랄이 부족하면 아무리 좋은 것을 섭취했더라도 우리 몸에 흡수되지 않고 에너지화되지 못하면서 몸에 노폐물과 독소를 남기게 됩니다. 이것은 각종 만성질환이 유발되고 노화가 가속됩니다. 이 과정은 우리 몸의 체액의 균형이 깨지고 산성화되어 가는 과정과 일치합니다. 이때 미네랄이 풍부한 알칼리수를 마시면 체내의 노폐물과 독소 등이 체외로 배출되면서 신진대사 기능이 원활해 집니다. 따라서 피가 깨끗해지고 세포가 활력을 얻어 건강한 몸과 함께 탄력 있는 피부를 갖출 수 있습니다.

18. 몸이 산성화로 기울거나 미네랄 부족으로 나타나는 증상은 무엇인가요?

· 잦은 두통, 집중력 저하

· 칙칙하거나 거친 피부, 잔주름 증가

· 스트레스, 만성피로

· 손 떨림, 눈가의 경련

· 식욕부진, 성장장애

· 생리불순, 호르몬 장애

· 발기부전, 전립선 장애

· 소화장애, 무기력증

19. TDS(Total Dissolved Solids, 총 용존 고형물질)란 무엇인가요?

칼슘이나 마그네슘 등 미네랄 성분을 포함한 기타 고형물질이 물 속에 녹아있는 총량을 말합니다. 우리 몸이 요구하는 TDS는 60~100mg/L정도로 알려져 있습니다. 사람이 단식을 하면서 물만 먹고도 생존할 수 있는 이유가 이런 용존성 고형물질이 포함되어 있기 때문입니다. 수돗물의 경우는 적당량의 TDS가 유지되고 있으나 역삼투압의 경우 10mg/L 이하로 미네랄이 없는 산성수입니다.

20. 6각수란 무엇인가요?

6각수 이론은 물 분자가 단독으로 존재하지 않고 수소 결합에 의해 덩어리를 이루며(Cluster) 5각수와 6각수의 혼합 상태로 존재한다는 (H2O)n의 관점으로 물의 신비를 설명하고 있습니다. 6각수는 구조가 치밀하기 때문에 세포 외부의 자극이나 교란으로부터 세포를 보호하는 효과가 뛰어납니다. 6각수 환경에서는 암세포가 제대로 자라지 못한다고 연구되고 있습니다.

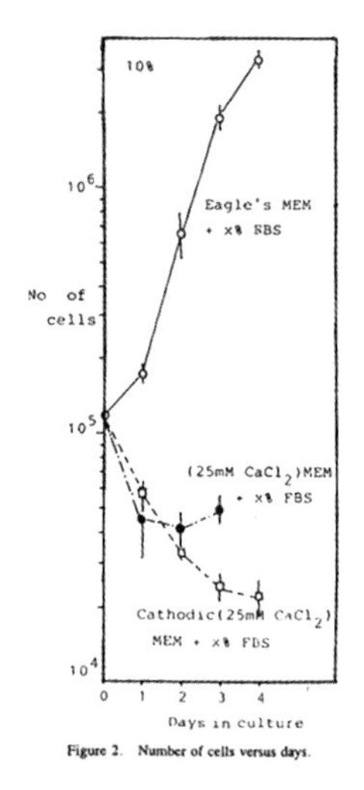

Figure 2. Number of cells versus days.

【Pigure 2. Number of cells versus days】
【물속 전해칼슘이 종양세포에 미치는 영향: 12만개였던 종양세포가 4일 후 320만개까지 증식하였으나 시험구에서는 2만개로 감소하였다.】
【출처: Some Remarks on Certain Magnetic Properties of Water In the Study of Cancer. MUSHIK JHON AND PER-OLOB LOWDIN UNIVERSITY OF FLORIDA, U.S.A.】

21. 생체친화적인 6각수란 어떤 의미인가요?

건강한 세포를 둘러싸고 있는 물은 구조화되어 있는 6각 형태의 물이며, 비정상적인 세포는 물의 구조가 난잡하게 흩어져 있다는 것이 고 전무식 교수를 통해 밝혀진 바 있습니다. 인체의 기본 단위인 세포가 수분을 잃고 환경이 악화되면 인체는 생기를 잃고 노화하기 시작하는데, 생체친화적인 6각수는 인체의 항상성(homeostasis)을 유지하고 세포를 활성화 시키는 것으로 보고되고 있습니다. 즉 "세포핵은 구조화된 물로 쌓여있다." 이 연구는 KAIST 고 전무식 교수의 연구에 잘 설명되어 있습니다.

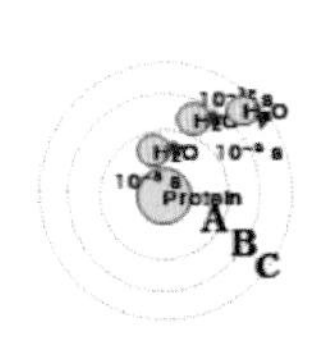

Aging means more cells die than they multiply. That is, aging is a process where water in our body decreases.

MegaTen shield the nuclear of a cell. However, for some reason, when the structured water is discharged from the cell so that the living conditions of the cell are changed, the cell becomes an abnormal cell.

Aging means more cells die than they multiply.

" Our body likes hexagonal water because it is highly hydrated."

【출처: Miracle Molecular Structure of Water Gilho Kim, Dorrance Publishing U.S.A. 2002】

22. 물의 구조가 치밀함을 어떻게 알 수 있나요?

구조가 치밀하다는 의미는 6각 구조의 물 분자가 견고하게 조직화되어 있다는 의미입니다. 간단한 증명방법은 물맛이 확연히 다릅니다. 일반 물과 달리 표면장력이 강해지기 때문에 물이 '찰진' 느낌이 듭니다. 또한 녹차 등의 우러나오는 속도를 비교하면 분명한 차이를 알 수 있습니다. 그리고 NMR(핵자기공명장치)측정을 통하여 분석할 수 있습니다.

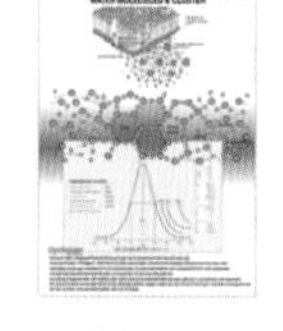

NMR(핵자기공명장치) NMR

전자현미경(SEM) 사진

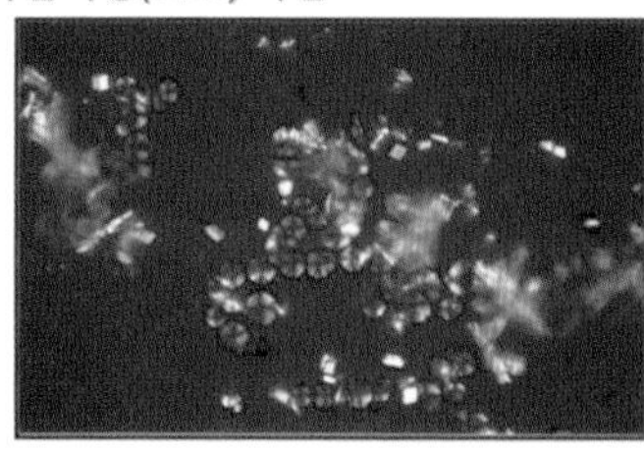

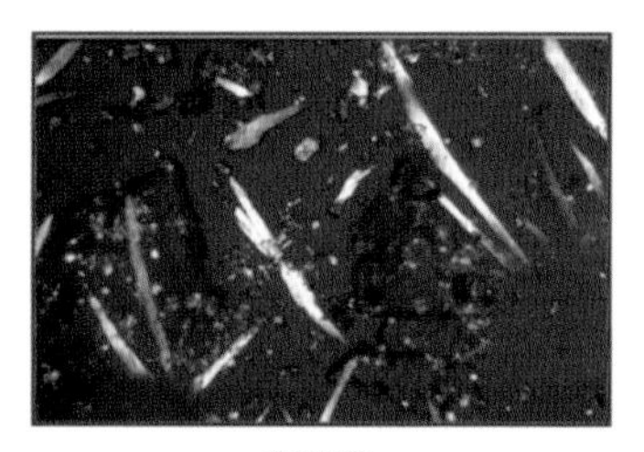

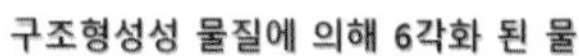
구조형성성 물질에 의해 6각화 된 물

(일반물)

【출처: Water Physiology Edition151】

23. 건강한 혈액이란 어떤 혈액인가요?

혈액은 83%가 물로 되어 있습니다. 건강한 혈액은 pH 7.35~7.45 의 약알칼리성입니다. 혈액이 산성화되면 피가 끈적해지고 혈액의 점도가 높아지므로 잘 흐르지 않게 되어 혈압은 높아지고 뇌출혈, 뇌경색 등 여러 가지 질병이 생기게 됩니다. 알칼리 환원수를 마심으로써 산성화되어 있는 혈액을 건강한 알칼리성 혈액으로 중화할 수 있고, 무서운 혈액순환 장애의 질병을 막을 수 있을 것입니다.

혈액은 약 알칼리성으로 유지된다

- 혈액의 화학적 중성점 : pH 7.4
- 동맥혈 : pH 7.45, 정맥혈 : pH 7.35
- 몇초 이상 혈액의 pH가 6.8 – 8.0 범위를 벗어나면 사망가능
- 과산증(pH 7.35 이하) : 신경시스템을 억압, 방향감각 상실, 혼수상태
- 과염기증(pH 7.45 이상) : 신경흥분, 발작, 근육경련

- pH 조절 : 산염기 균형
- 주로 허파, 신장에서 주도
- CO_2, HCO_3^-
- 미네랄(Na)이 주요 역할

24. 물은 어떻게 마셔야 하나요?

첫째, 하루에 2L 정도(최소한 1.6L이상)의 물을 마시는 것이 좋습니다.

둘째, 조금씩 자주 마십니다.

셋째, 미네랄이 살아있는 알칼리 환원수를 마십니다.

WHO는 사람은 일상적인 생활습관에서 대부분 탈수현상에 직면하고 있으므로 깨끗하고 안전한 물을 마심으로써 질병의 80%는 예방할 수 있다고 발표하고 있습니다.

(World Health Organization)

Drinking fresh water can reduce diseases by over 80 percent.

Longer life expectancy isn't just about medicine, but also, better sanitation and nutritional improvements.

25. 알칼리수는 세균과 바이러스를 살균할 수 있나요?

세균과 바이러스는 사람의 생육환경에서 공존하고 증식합니다. 따라서 pH 6.0-8.0 범위의 중성에서 생육이 활발하며, 강산성(pH3-6)이거나 알칼리 수 상태(pH9-10)에서는 세균과 바이러스가 생존, 번식이 어렵습니다. 따라서 산성수와 알칼리수는 살균수로 사용할 수 있으며 과일이나 야채를 씻을 때 화학물질이 아니므로 안전하게 식품과 그릇 용기, 피부상처 등에 사용할 수 있습니다.

26. 알칼리 환원수의 대표적 효과는 무엇인가요?

일반물과 비교하여 클러스터(물 분자 집단)가 작아 인체 내로 빠르게 흡수되며 세포의 구석구석까지 도달하고 노폐물을 배출할 수 있다는 것입니다. 또한 클러스터가 작다는 의미는 일반물에 비하여 많은 양의 노폐물을 녹일 수 있음을 나타냅니다. 특히 요산의 경우 알칼리 환원수는 일반물에 비하여 두 배 정도 더 잘 용해시킵니다. 우리 몸 속 구석구석, 그리고 혈관에 노폐물이 쌓이면 결국 염증과 통증으로 나타나고 그것이 결국 질병이므로 알칼리 환원수는 몸 속의 때를 씻어주는 역할이 가장 중요하다고 할 수 있습니다.

<세포물의 출입통로>

Aquaporin

물이 세포 속을 출입하기 위해서는 Aquaporin이라고 하는 물길이 세포막에 있다.

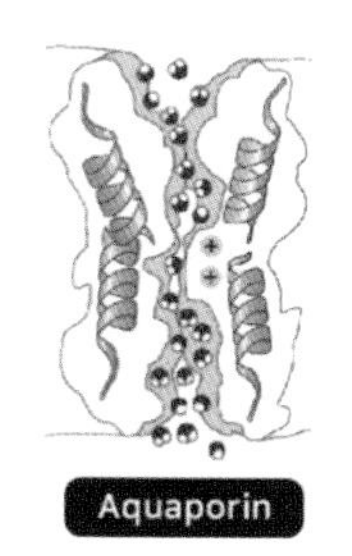
Aquaporin

NMR

27. 알칼리 환원수의 일반적 효과는 무엇인가요?

우리 몸 속은 산염기 평형이 중요합니다. 이 기능이 중요한 이유는 이 평형이 맞아야 영양성분을 받아들이고 처리하는 몸의 기능이 제대로 작동될 수 있습니다. 따라서 자신의 생각과 의지와 관계없이 스스로 작동되는 이 기능을 항상성 유지(Homeostatic function)라고 하며 인체가 끊임없이 환경의 변화를 받으면서도 안정된 상태로 유지되는 이유이기도 합니다. 알칼리 환원수는 바로 이러한 산염기 평형을 맞추어주며 그 전체적인 조절은 신경과 호르몬에 의하여 이루어집니다.

Feel Young Again

Studies have shown over time that drinking hydrogen rich water can help you recover faster, look younger, aid weight control, & feel great.

28. 알칼리 환원수기에 사용되는 기술의 특징은 무엇인가요?

인체에 가장 흡수가 잘되는 최적의 알칼리수 pH 레벨은 8.5~9.0 입니다. 따라서 사용하는 원수의 수질과 수압에 따라 조절이 필요한데 제대로 만든 알칼리 환원수기는 기본적으로 최적의 pH레벨을 맞추어 주고 있습니다. 그리고 이 조절을 위하여 가장 경제적인 전해모듈 기술이 적용되었으며, 마시는 사람의 필요에 따라 10.50까지 강알칼리수도 얻을 수 있습니다. 또한 미네랄을 제거하지 않고 오염물질을 걸러내는 UF필터, 최고의 압력식 카본블럭 기술, 그리고 필요한 미네랄만 용출시켜주는 옵티마이징 미네랄 볼 기술이 사용되었습니다.

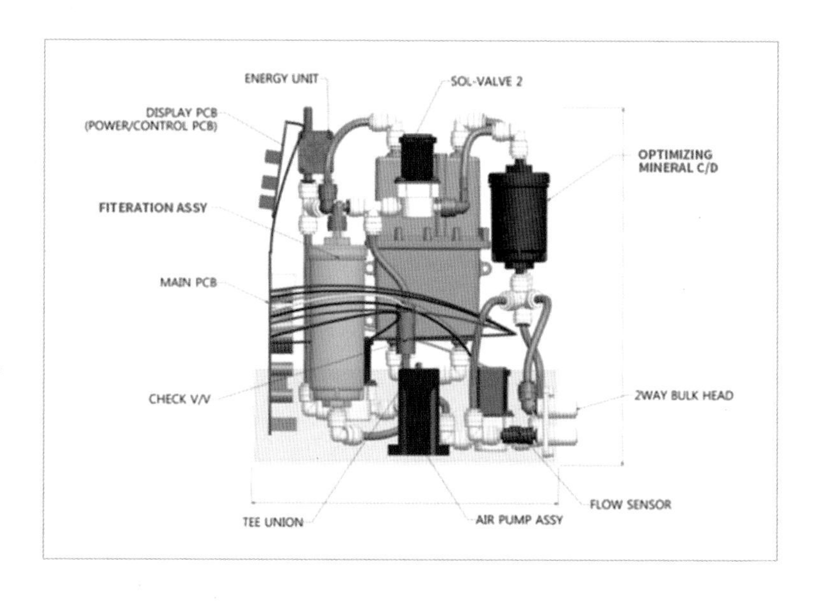

29. 산성수도 사용할 수 있나요?

산성이온수는 pH5.5~2.7의 산성수로서 살균력이 있어 세균의 증식을 억제하고 피부에 아스트린젠트 효과의 미용화장수 기능이 있어 산성이온수를 사용하여 세안을 하면 피부가 수렴되어 촉촉해지며 매끄럽고 탄력 있는 피부유지에 도움을 줍니다. 또한 피부세균을 억제하여 여드름, 아토피성 피부염 등에 효과가 있으며 피부 트러블을 조절해 주는 진정효과도 있습니다.

30. 약을 복용할 때 알칼리 환원수를 마셔도 될까요?

약을 복용할 때는 일반물로 복용하기 바랍니다. 약제는 화학성분이므로 약에 따라 지나치게 흡수가 빨라지거나 알칼리수의 미네랄과 유효성분이 결합하여 약효가 감소할 수 있습니다. 그러나 이 경우는 약물을 삼킬 때만 관계되므로 일상적으로 마시는 알칼리수는 해당되지 않습니다. 또한 아기 파우더 밀크를 타거나 아기가 알칼리수를 마셔도 좋습니다.

Make drinking good water your daily habit!

Not Expensive,

the Easiest,

the Simplest

way to keep your family Healthy!

레퍼런스

- How does water pollution affect human health? (medicalnewstoday.com)
- Drinking-water (who.int)
- Alkaline Water Health Benefits: Is Alkaline Water Good For You? (webmd.com)
- Mineral Water: Potential Health Benefits And Side Effects | Doctor Farrah MD (drfarrahmd.com)
- Benefits of Magnetized Water | Water Saving Technology - Magnetized Water | Australia (omnienviro.com)
- Advanced research on the health benefit of reduced water - Science Direct
- Hydration energy - Wikipedia
- Absorption of Minerals and Metals (colostate.edu)
- Precious metals and other important minerals for health - Harvard Health
- Everyone is Mineral Deficient - Healthy for Life (healthyforlifeusa.com)
- Alkalinity, pH, and Total Dissolved Solids - MSU Extension Water Quality | Montana State University
- Body ALKALINITY - What does it tell me? | Body pH Level |

Just Fitter

- Advanced research on the health benefit of reduced water - Science Direct
- Oxidation Reduction Potential (ORP) - International Hydrogen Standards Association (intlhsa.org)
- Microsoft Word - Ionic Minerals_Meletis.doc (themineralfoundation.com)
- US5306511A - Alkaline additive for drinking water - Google Patents
- Free Radicals: Properties, Sources, Targets, and Their Implication in Various Diseases - PMC (nih.gov)
- Hydrogen acts as a therapeutic antioxidant by selectively reducing cytotoxic oxygen radicals | Nature Medicine
- Calcium - Health Professional Fact Sheet (nih.gov)
- Magnesium - Health Professional Fact Sheet (nih.gov)
- Sodium: foods, functions, how much do you need & more | Eufic
- Potassium - Health Professional Fact Sheet (nih.gov)
- Zinc - Health Professional Fact Sheet (nih.gov)
- Silica For Essential Body Functions | (organicsilica.org)
- 7 Foods High in Silica (webmd.com)
- Deficiency Diseases caused by lack of Minerals - Mouthful Matters

- Mineral Deficiency | Definition and Patient Education (healthline.com)
- Mineral Deficiency – symptoms, meaning, Definition, Description, Demographics, Causes and symptoms, Diagnosis (healthofchildren.com)
- [EnvirSci Inquiry] Lehigh River Watershed Explorations
- Characteristics and applications of magnetized water as a green technology – Science Direct
- STRUCTURED WATER | HOW TO, BENEFITS & MORE (belifewater.com)
- Dr. Mu Shik Jhon (hexagonalwater.com)
- Hexagonal Water (waterpollutionfilters.com)
- Alkalinity is key to your health – Cancer Tutor
- Water: How much should you drink every day? – Mayo Clinic
- Best Water to Drink (The Ultimate Guide to Drink for Better Health) – Lifehack
- Sequential Washing with Electrolyzed Alkaline and Acidic Water Effectively Removes Pathogens from Metal Surfaces – PMC (nih.gov)
- The application of alkaline and acidic electrolyzed water in the sterilization of chicken breasts and beef liver. – Abstract – Europe PMC
- 6 Health Benefits of Drinking Alkaline Water

(doctorshealthpress.com)
- pH of Drinking Water: Acceptable Levels and More (healthline.com)
- pH of Drinking Water: Acceptable Levels and More (healthline.com)
- Skin pH & The Acid Mantle | Just About Skin
- Alkaline Water and Prescription Medication – IG Smart Home Improvements (intelgadgets.com)

[3부]

게르마늄 칠보석 아인수

| 3부 |

게르마늄 칠보석 아인수

1. 서론

물은 인체의 대부분을 차지하고 있으며 생명활력을 실어 나르는 실질적 매체이다. 2030년까지 WHO "The World Health Report"에 의하면 지속적인 3대 사망원인의 패턴이 암과 심장질환, 뇌졸중 등의 비감염성질환 (Noncommunicable Diseases) 임을 알 수 있으며 이것은 혈액오염에서 기인한다고 예측할 수 있다. 인체는 물 의존적 생명단위의 집합체이므로 인체의 구성은 물에 의하여 생로병사가 결정된다고 해도 과언이 아닐 것이다. 특히 만성질환과 탈수의 관련성은 놀라울 정도로 직접적으로 작용한다.

<The shift towards noncommunicable diseases as causes of death>

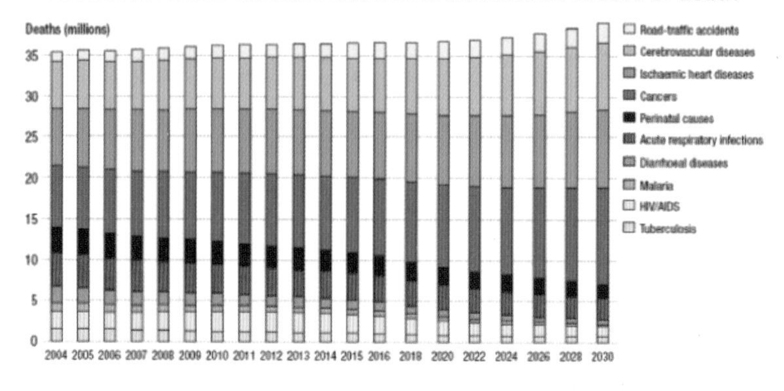

【출처 The World Health Report 2008】

물의 인체 내에서의 역할은 1차적으로 수분의 공급과 유지이며 2차적으로는 대사작용에 관여하고 3차적으로는 면역강화, 항상성(Homeostasis) 유지 및 노화억제라고 할 수 있다. 그러나 이것은 겉으로 드러난 기능이며 온몸에 퍼져있는 혈관과 미네랄의 전자기적 전기신호(Electromagnetic Signal)에 의하여 이루어지는 미세한 기능은 주목 받지 못하고 있다. 즉, 물이 체내에서 몸 속의 조직(Tissue)과 세포에 흐르는 미세한 전류를 만들고 이 과정에서 물 분자, H2O가 수소프로톤 H+와 수산이온 OH-로 전리되어 인체의 대사활동(Metabolic Activity)을 돕고 있으므로 인체의 구석구석에 물이 흐르고 있는 이유를 짐작할 수 있다.

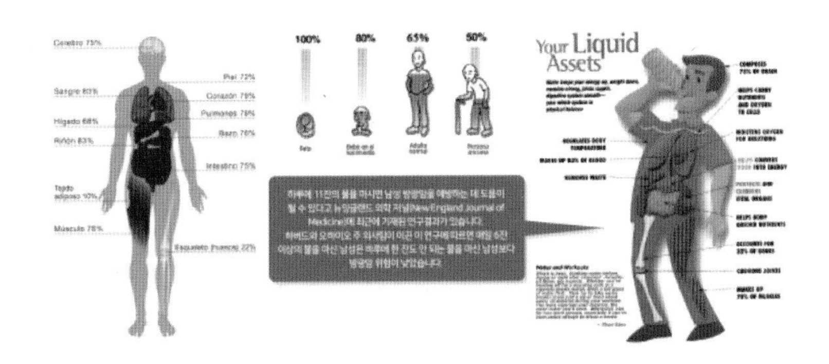

【출처 미래창조과학부】

인체에서 물의 구성은 세포내액(Intracellular Fluid)으로 66%, 세포외액(Extracellular Fluid)으로 26%, 그리고 혈액으로 8%가 존재한다. 혈장(Plasma)은 94%가 물로 이루어져 있으므로 혈장의 역할이 곧 물의 역할이다. 고혈압, 당뇨병, 고지혈증(Hyperlipidemia), 동맥경화(Arteri(o)-Sclerosis) 환자들의 패턴이 비슷한 이유는 주요한 원인이 혈장탈수에서 비롯되기 때문이다. 인체는 탈수가 일어나면 적혈구(Red Blood Cells)가 엉키고 혈액의 점도(Viscosity)가 높아지며 산성으로 기우는데 방치하면, 심장질환과 뇌졸중의 위험성이 높아진다. 그러므로 혈액을 건강한 상태로 유지하기 위한 기본적 조건은 혈장의 점도를 좌우하고 있는 물의 역할이다. 특히 혈액에 수분이 부족하면 영양소와 산소운반, 면역구(Immune Cells)의 이동과 노폐물배설(Waste Excretion)이 어려워지므로 질병에 쉽게 노출된다.

한편 단지 물을 마셨다고 수분이 세포 속으로 쉽게 이동하지는 않는다. 대부분의 물은 세포 속에 존재하므로 4대 전해질(Electrolyte) 이온인 칼슘, 마그네슘, 나트륨과 칼륨의 역할이 있어야 세포막(Cell Membrane)의 전용통로 아쿠아포린(Aquaporin)을 통하여 삼투압작용(Osmotic Pressure)으로 이동하므로 미네랄이 포함된 물을 마셔야 한다. 세포 내에서 물의 역할은 세포의 환경을 이루는 기본적인 물질이므로 건강한 혈액과 세포기능을 유지하기 위한 좋은 방법은 물을 지속적으로 충분히 마시는 것이다. 그 다음으로 중요한 효과는 항산화 효과로, 알칼리 환원수는 조직과 세포 안에서 만들어지는 여러 종류의 활성산소를 중화함으로써 간접적인 항산화 작용을 한다.

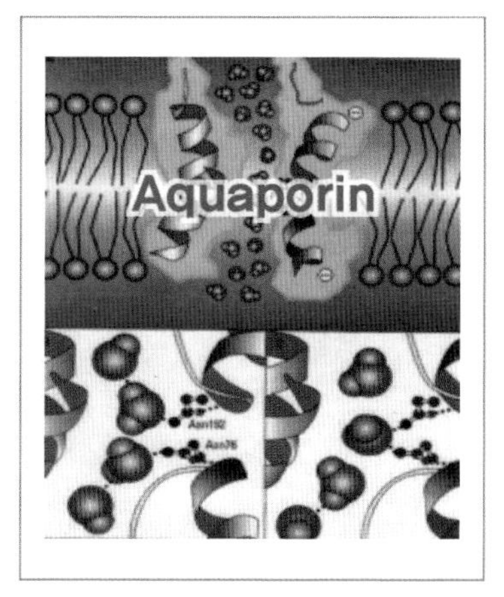

【미국 존스홉킨스 의과대학의 피터 아그레 박사는 세포막의 물 전용 출입 통로를 발견하여 노벨 생리의학상을 받았다.】

탈수와 질병

탈수의 위험성은 인체의 대부분이 왜 물로 이루어져 있는가에 대한 인식으로부터 출발할 수 있다. 인간은 물 속에서 10개월 동안 양수(Amniotic Fluid)를 마시고 생명체와 체액(Body Fluids)을 구성하여 외기(External Body)로 나왔으므로 수분보존은 절대적 생존조건이다. 요즈음 임산부의 양수조차 중금속에 노출되어 있다는 연구보고서를 볼 때 안타까운 마음이지만 갓난아기와 대비하여 노년기의 인체 함수율 그래프를 비교하면 탈수상태의 가감을 분명하게 알 수 있다.

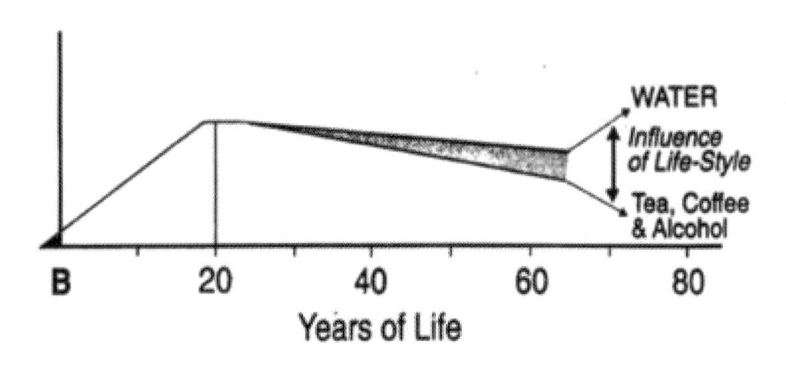

【출처 www.watercure.com】

노화는 탈수와 함께 진행되는데 주요원인은 생활 습관에 달려 있다. 인체는 만성적인 탈수상태가 지속되면 처음에는 일부 기능이 억제되지만 결국 인체의 구조와 성분을 바꾸어 버린다. 이 과정은 다음과 같으며 대부분 세포 내부에서 일어난다.

- 화학적 상태의 끊임없는 변화
- 새로운 화학 상태의 완전한 확립
- 인체내부의 많은 구조적 변화
- 인체의 유전자 청사진의 변화

● 자가면역질환(Autoimmune Disease), 암 발생 원인의 급속한 증가

탈수에서 수분손실의 대부분은 세포내부에서 발생하며 이것은 단백질과 효소의 효율적인 기능을 저해하고 인체의 정상적인 생리기능에서 다면적인 손상을 초래하는데 이러한 파손(Destruction) 때문에 노화가 재촉되고 암이 발생한다.

탈수의 일반적인 현상은 혈액의 점도가 올라가고 혈액순환과 혈구세포(Blood Cell)에 문제가 발생하며 소변이 짙어짐으로써 그 현상이 나타난다. 더욱이 미네랄이 제거된 역삼투압방식(Reverse Osmosis)으로 정수된 산성수를 지속적으로 마시는 경우 혈액의 점성이 가속되고 혈액순환이 나빠진다. 혈액의 점도란 혈류 고유의 저항으로 혈액의 끈적이는 정도를 말하는데 모세혈관(Blood Capillary)의 경우는 낮은 혈류속도로 인해 물보다 10배 이상 높은 점도가 혈관벽(Vascular Wall)에 작용한다. 높은 혈액점도는 혈관내벽(Vascular lining)에 주어지는 마찰력(Shear Stress)을 상승시켜 허혈(Ischemia)을 일으키거나 물리적인 힘으로 인한 혈관손상이 발생하며 혈관내벽을 수선하기 위해 혈소판(Platelets)이 쌓이기 시작하면 혈관

의 내용적이 줄어들어 혈압이 올라간다. 또한 세포 산소 전달능력(Tissue Oxygen Delivery Index)을 떨어트리고 심근경색, 협심증(Angina Pectoris), 뇌졸중 등 심뇌혈관질환 및 합병증(Complication)을 일으킬 수 있다.

탈수가 반복적으로 지속되면 노폐물의 축적으로 히스타민(Histamine)이 과다분비(Hyper Secretion)되어 통증(Ache)이 발생한다. 그러므로 인체는 물리적인 손상이나 퇴행성질환(Catagenetic Diseases)을 제외하고 통증 대부분의 원인은 탈수에서 찾을 수 있으므로 갈증신호(Thirst Signal)를 무시한 대가이며 그 필연적인 결과가 염증(Inflammation)으로 이어진다. 탈수는 사소한 목마름부터 만성질환까지 이어지므로 침묵의 살인자라고 불리는 당뇨병의 2가지 유형을 살펴보면 탈수의 위험성을 더욱 인식할 수 있다. 2형 당뇨에서는 인슐린생산과 방출이 탈수에 있어서 뇌는 가장 취약한 기관이다. 우리 몸에서 혈액의 20%를 최우선적으로 사용하는 곳이 뇌세포인데 수분 공급이 줄어들면 약 9조개의 뇌세포는 충전액(Filling Liquid)이 줄어든 배터리와 같다. 뇌는 인체 내에서 가장 복잡한 기능을 수행하기 위하여 83%가 물로 채워져 있으며 혈장 다음으로 물의 분포가 높은 곳으로 탈수가 반복되면 두뇌의 생리적 상태는 정교한 기능을 수행할 수가 없다. 분자생리학(Molecular Physiology)을 이해한다면 초기의 우울증(Depression) 또한 뇌세포의 갈변증(Browning) 상태이다. 잔디가 노랗게 시든다면 물을 주어야 하듯이 뇌 또한 탈수를 못 견디므로 우울증은 이에 따른 증상의 일부이다. 뇌에 필요한 산소와 포도당은 단지 연료일 뿐이다.

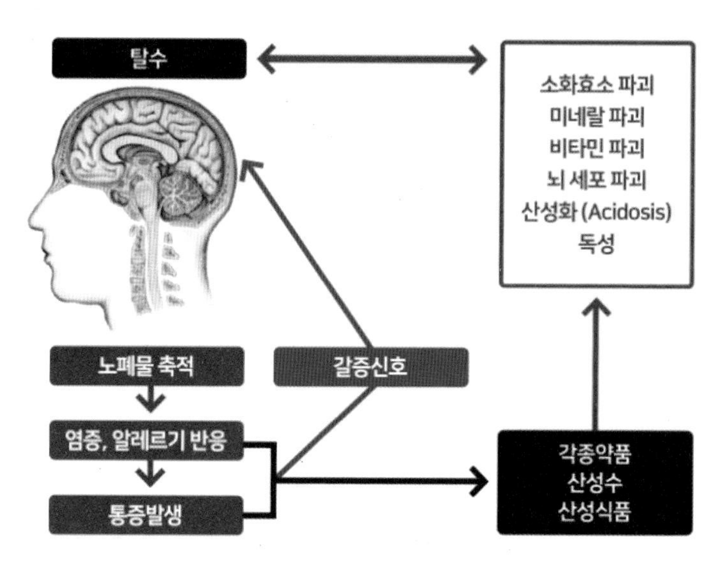

【출처: Water physiology Edition138】

몸 속에 수분이 부족하면 대부분은 세포내부에서 뽑아 쓰고 나머지는 세포주변에서 끌어 쓴다. 이 과정은 혈액순환을 통하여 수분손실을 보충하려고 모세혈관의 그물망을 압축하여 인체 혈관의 약 90%를 차지하는 모세혈관 분배망이 수축되고 혈액의 공급과 산소, 이산화탄소의 교환, 영양물질과 대사 후 노폐물의 교환이 저해되어 혈액의 산성화를 가속시킨다.

만성적인 탈수를 일으키는 주요한 원인은 개개인의 생활습관과 이뇨(Diuresis)를 부추기는 카페인 음료이다. 인체는 갈증을 느끼기 전에 수시로 수분을 섭취하여야 하는데 이것을 음료수로 대체하여 혼동하고 있는 것이다. 우리 몸의 시스템은 결코 물을 저장하지 않는다. 그리고 물을 대체할 물질은 아직은 지구상과 인체에 존재하지 않는다. 음료수는 구성상 순수한 액체가 아니므로 몸 속에 들어오면 혈액의 농도와 이온밸런스가 달라지기 때문에 음료 성분의 이물질들은 몸 속 수분에 희석되어 몸 밖으로 배출된다. 즉 음료 한 컵 200cc를 마셨다면 220cc의 물이 몸 속에서 희석되어 이뇨된다. 이것이 생활습관에 의하여 탈수에 노출될 수 있는 부등식이다. 따라서 탈수가 만병의 근원임을 깨닫는다면 좋은 물을 좋은 습관으로 충분히 마시는 것은 질병을 예방하고 건강을 유지할 수 있는 비결이다. 현대의학에서 원인과 치료가 확실치 않은 질병들의 근본적 원인 중의 일부도 탈수에서 비롯되고 있다고 여겨진다. 더 확실한 인식은 물이 부족하여 말라 비틀어져가는 식물을 상상할 수 있다.

【출처: 시사저널 2012】

혈액오염

혈액오염의 종착점은 암의 발생이다. 암의 원인은 다양하게 연구되고 있지만 혈액의 종착점은 세포이며 암은 세포에서 발생한다. 암세포는 노폐물을 제대로, 제때에 배출하지 못하여 악화된 증상이 상피세포(Epithelial Cells)에서 자라난 것이다. 약물의 작용이 국소에 그치지 않고 온 몸을 순환하며 조직과 세포에 영향을 주듯이 혈액오염 또한 온 몸에 그 영향이 미치지 않는 곳이 없을 것이다. 이것은 태어날 때 깨끗했던 혈액이 오염되고 병들어 늙어가는 생로병사의 과정과 일치한다. 암세포와 종양

(Tumor)의 pH농도는 4.0~6.0 정도인데 인체의 정상적인 pH 농도가 7.35~7.45의 약알칼리성으로 유지되고 있으므로 분명한 사실은 암세포 조직은 정상조직보다 산성화되어 있으며 암세포와 종양이 좋아하는 환경은 혈액과 세포의 산성화임을 알 수 있다.

Acid are The Cause of Cancer Cell

Days	Number of cell
90 days	2 cells
1 year	16 cells
2 years	256 cells
3 years	4,896 cells
4 years	6,5536 cells
5 years	1,048,576 cells
6 years	16,777,216
7 years	268,435,456–Detected by CT, MRI
8 years	4,294,967,296

【출처: 산성화로 인한 암세포의 증식숫자 Water physiology Edition105】

혈액이 산성화로 기울면 혈액의 응집이 빨라지고 산소의 이동속도가 느려진다. 즉, Quick and Slow Condition이 뒤집혀 지는 것이다. 이것은 이산화탄소와 산성화된 대사후산물(Acidic

Wastes)의 배출이 늦어져서 혈액의 pH농도가 낮아지면 산소가 결핍된 세포환경에서 암세포의 증식이 발생한다. 이 연구는 오래 전에 독일의 Warburg박사에 의하여 암세포 증식과정의 산소결핍연구로 노벨상을 받았다. 혈액오염의 핵심은 일시적인 독성물질보다는 혈액의 산성화가 주체이며 ATP대사에 의하여 세포내부는 탄산(H2CO3=산성)을 생성하므로 세포 내 산성노폐물은 세포외액(혈액과 조직간 액)의 염기성(Alkali)과 완충작용(Buffering)에 의하여 세포외액으로 배출된다. 그러나 세포외액이 산성화로 기울면 산성노폐물이 세포 밖으로 이동을 못하므로 산성화 물질이 축적된 세포는 기능을 잃거나 변이를 일으켜 암전단계의 세포(Cancerous Cell)로 바뀐다. 따라서 우리 몸은 산-염기(알칼리)평형을 조절하는 기능이 신장, 폐 등 여러 곳에 있고 이것이 바로 항상성(Homeostasis)의 유지이다. 그러나 이러한 조절시스템의 완충작용이 정상적으로 작동하지 못하거나 나쁜 식습관과 환경 등으로 균형이 깨졌을 때 혈액오염에 직면하게 된다.

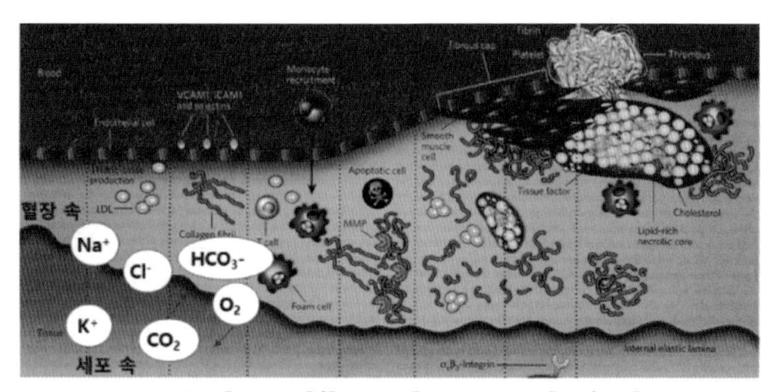

pH = 6.1 + log [HCO3-]/[H2CO3] = 6.1 + log [24/1.2] = 7.4

【출처: NATURES】

혈액이 산성화되면 혈액 속에 과잉 섭취된 지방산은 플러스(+)이온화 되면서 마이너스(-)극성을 띠고 있는 동맥혈관(Arterial Blood Vessel)벽에 부착되어 혈관이 경화되고 좁아지며 동맥경화(Arterial Sclerosis)로 발전한다. 미국의 Dallas시는 체액의 산성화를 줄이기 위한 자구책으로 수돗물의 pH를 8.3~9.0의 알칼리성으로 조정하여 공급하고 있다. 일본의 경우는 pH와 장수의 관계를 조사한 고바야시/이시하라/마즈무라의 연구를 종합하여 보면 pH가 산성측(6.8이하)에 있는 지역에서는 단명의 경향이 있고 역으로 알칼리성 쪽으로 기운 곳에서는 장수의 경향이 있다고 보고되었다.

산성화된 혈액은 점도(Viscosity)가 높아져서 말초혈관(Peripheral Blood Vessel)에서 혈액 순환을 더욱 어렵게 한다. 모세혈관의 굵기는 약 10um, 즉 0.01mm크기로, 눈으로 식별할 수 없는 미세관(Microtubule)에서 발생되는 혈류장애(Blood Stream Disorder)와 높은 혈액점도는 혈압을 끌어올리고 심장과 뇌혈관 질환을 유발할 수 있다. 특히 몸이 탈수상태에 습관화되면 이러한 위험은 가속된다. 이 사실은 WHO의 발표에서 질병과 사망에 이르는 비감염성질환과 감염성 질환(Communicable Diseases)의 패턴으로 나타나고 있다.

Capillary Vessel

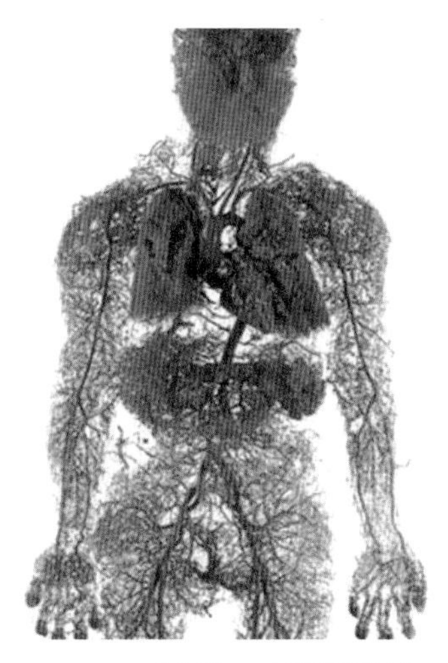

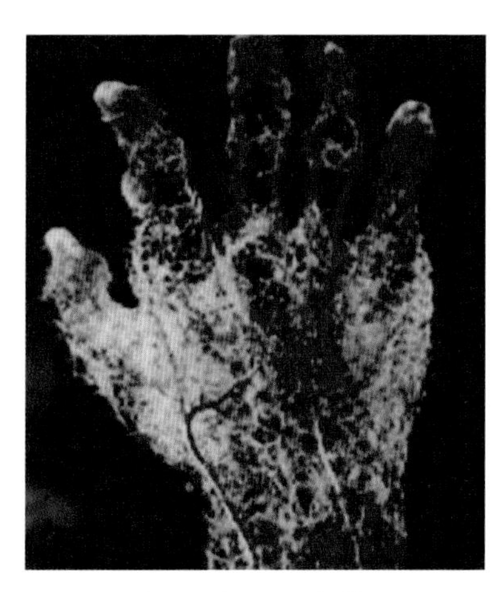

【출처: 모세혈관의 분포 Water physiology Edition105】

2. 물과 에너지의학

물생리학과 에너지의학

에너지의학의 기초가 되는 전기적 현상과 인체와의 관계는 동양의 오랜 기공에서부터 심장에서 발생하는 전기적인 신호를 측정하는 심전계(Electrocardiograph)와 뇌파의 분석 등 접근하는 방법이 다양하다. 오늘날 의학생리학(Medical Physiology)에서는 인체에서 일어나는 전기적 현상들의 생리적 작용으로 전자를 주고받는 산화환원(ORP/mV)반응을 설명하고 있으나 동양의 기과학은 측정과 표현이 모호하여 미약에너지(Subtle Energy)로 인식하고 있다. 전자기적 에너지를 이용하여 인체를 진단하고 치료하는 요법을 에너지의학이라고 하는데 에너지의학의 기초를 이루는 물질은 물과 미네랄이다. 이것은 물과 미네랄의 상호 의존성과 상대성이 생명을 이루는 메커니즘의 골자를 이루고 있기 때문이다. 우리가 아는 형태의, 측정이 가능한 미약에너지는 전계, 자계 등 제한되어 있다. 그러나 천기, 지기, 음기, 양기 등 우리가 측정할 수 없고 모르는 형태의 에너지가 더 많다. 달은 천기를 아무리 많이 받아도 지기가 없으므로 생동하는 생물이 전혀 없다. 그러나 지구에는 천기와 지기를 담고 있는 물이 있어서 생명을 이루지만 달에는 물이 없으므로 전자기적 에너지의 담체가 없다. 그러므로 생명현상을 일으키는 생리학의 기본이 물과 에너지에 있음을 알 수 있다. 따라서 지기를 품고 땅 속에서 솟구치는 물은 특별한 기에너지를 담을 수 있으며 인체와 에너지를 교환하여 물생리학 기전(Mechanism)을 발현시키므로 물이 제공하는 신비한 능력은 여기에서 비롯된다고 할 수 있다.

지구상의 물의 총량은 일정하다. 에너지의 총량도 일정하고 다만 변화하며 형태를 주고받을 뿐이다. 아인슈타인의 E=mc2의 에너지 질량공식과 음양오행의 운행도 여기에 해당된다. 물은 영양물질의 에너지 함량을 10배까지 증폭 시킬 수 있다. 이것은 과학자들이 물의 에너지 전이공식에서 표준중량의 MgATP 화학반응을 이용하여 산출되는 증폭량으로 밝히고 있다. 한편 우리 몸의 생체전기는 세포막에서 수력전기에 의하여 생산된다. 이것은 구형단백질(Globular Protein) 양쪽 끝에 나트륨과 칼륨이온이 전자석처럼 달라붙어 물이 세포막을 통과할 때 터빈처럼 회전력을 일으켜서 생체에 필요한 전기를 생산하고 있다. 따라서 몸 속 수분이 줄어들면 인체에 생명공정이 제한되어 기력이 떨어진다. 뇌는 막대한 양의 에너지를 소비하는 곳으로 수력전기를 만들기 위하여 혈액조직이 함유하고 있는 물을 더욱 많이 사용하므로 왜 나이를 먹으면 수분이 감소하고 생체 전압이 낮아지는지 그 이유를 짐작할 수 있다.

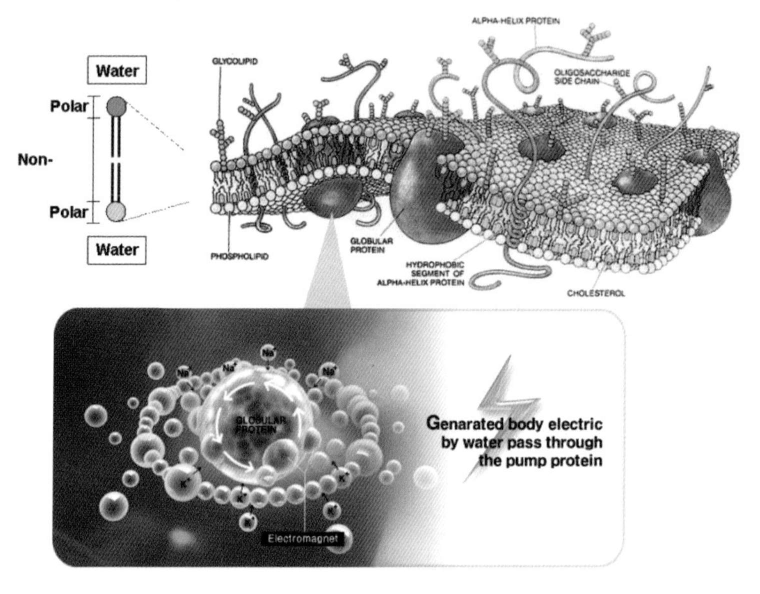

【인체 세포막에서 미네랄 이온에 의한 생체전기 생산 메커니즘】

더욱이 탈수가 지속되면 혈액의 삼투압이 세포내부의 삼투압보다 높아지고 삼투압 현상으로 인하여 Na-K균형이 무너지므로 이것을 방어하기 위한 주입압력 상승이 곧 나이를 먹으면 나타나는 고혈압이다. 따라서 인체에서 물과 에너지의 관계는 상호 의존적인 불가분의 관계임을 알 수 있다.

물속 미네랄은 인체를 작동시키는 열쇠이다

미네랄은 생체전기를 전달하는 몸 속의 전해질, 즉 전도체이다. 이것은 일반물과 증류수의 전기통전실험을 해보면 간단히 알 수 있다. +(Positive)-(Negative) 극성을 띠고 있는 이온상태의 물 속 미네랄은 생체전기신호와 신경조직 신호전달뿐만 아니라 물의 이동(삼투압작용), 혈류(근육압력작용), 펌핑(심장), 생체수력전기 생산(이온펌프작용), pH조절, 효소반응, 대사촉매작용 등 그 작용이 미치지 않는 곳이 없다. 쉽게 얘기하자면 몸 속에 미네랄이 작용하지 않는다면 전기가 끊어진 자동차를 상상해보면 된다. 영양물질은 유기적 복합체로 단백질, 지방, 탄수화물 등 비전해질의 분자덩어리이며 이온상태로 나누어지지 않아서 전류가 통하지 않는 물질이다. 대표적인 예로 소금물은 전기가 통하지만 설탕 물은 전기가 통하지 않는다. 설탕은 이온상태가 아니고 유기질분자 상태이기 때문이다. 따라서 인체는 미네랄의 전기작용과 전자를 주고받는 이온작용에 의하여 신호가 전달되고 에너지를 교환하므로 60조의 세포는 활성작용과 근육의 수축이완 등의 생명현상을 이룰 수 있다. 미네랄의 역할을 좀 더

자세하게 살펴보면 다음과 같다.

1) 미네랄이 없으면 비타민, 단백질(아미노산), 효소 등이 어떠한 기능도 할 수 없다. 예를 들어서 효소가 일할 곳을 지정하고 명령하는 것도 미네랄의 역할이다.
2) 건강이란 에너지의 활성정도를 나타내고 에너지의 활성은 미네랄에 의해 결정된다. 태양으로부터 받는 에너지입자를 몸 속으로 전달하는 리셉터가 곧 미네랄이다. 이것은 햇볕을 받아야 비타민D가 합성되어 칼슘이 흡수되는 이치와 같다.
3) 체내에서 이온화 미네랄은 신경자극을 전달하는 매개체가 되는데 이것이 바로 기의 흐름이다. 두뇌와 전신을 잇는 신경조직은 전기적신호를 전달함으로써 기능을 수행하는데 미네랄은 구리전선처럼 전도성(Conductivity)을 높여주고 기의 순환을 증진 시킨다.
4) 미네랄은 전자(e-)를 주고 받는다. 즉 인체 내부의 에너지 이동은 미네랄이온에 의해 부족한 전자를 주고받는 과정에서 생명에너지가 활력을 갖게 된다.
5) 미네랄의 역할은 물속에 자유롭게 녹아 있어야(전리상태=Ionized) 가능하다. 식품 속에 유기결합상태로 존재하는

미네랄은 쓰임새가 다르다.

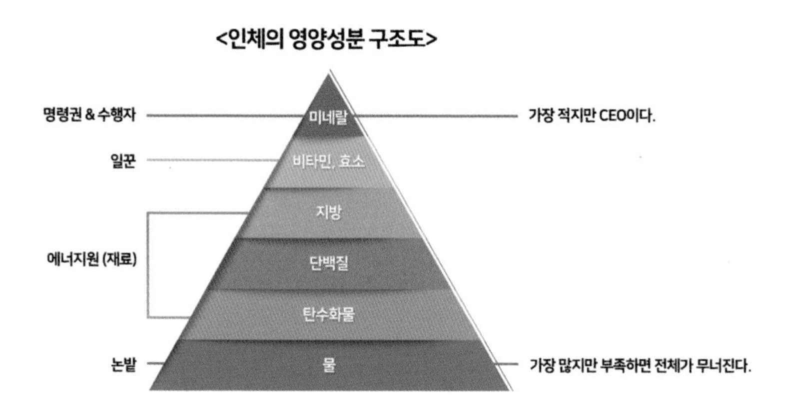

파동에너지

모든 에너지는 진동한다. 이것을 파동이라고 한다. 진동하는 에너지는 정보가 실려있다. 달리 말하자면 정보가 없다면 파동을 일으킬 여지가 없다. 그러므로 파동을 이용하면 어떤 물질의 정보를 복사와 저장을 할 수 있으며 전사(Transfer)도 가능하다. 자기공명장치, MRI (Magnetic Resonance Imaging)는 인체의 장기마다 파동이 다르다는 사실을 전제하고 몸 속 물분자의 공명(Resonance)을 이용하는 것인데 현대의학은 세포를 분자레벨에서 화학적 반응, 구조, 원인, 매개물질 등을 다루지만 파동의학은 에너지 차원에서 다룬다. 그러므로 파동의학은 질병이 여러 가지 외적 요인에 의해 원자, 분자 레벨에서 난조가 발생하여 건강한 세포의 파동이 흐트러져서 문제가 발생한다는 접근이며 인체는 근본적으로 물에 의해 자기공명을 일으키는 세포조직의 집합체라는 인식에 적용되어 있다. 이러한 인식을 과학적으로 단서를 제공한 유명한 연구가 세계최고 수준의 과학잡지 Nature 333호에 실린 연구논문이다. 프랑스 파리에 있는 국립보건의료연구소 (IMSERM, French National Institute for Health and Medical Research)의 벵베니스트(J.Benveniste)박사는 면역학을 전공하고 백혈구의 일종인 호염구 세포(basophil)의 항체, 즉 anti-IgE의 영향을 연구하였는데 항원IgE을 높은 농도로 희석하였음에도 불구하고 항체aIgE가 증가하는 역가현상이 나타났다. 즉 아무리 희석하여도---물질의 최첨단 장비 검출한계인 10의 마이너스9승(ppb)에서 Avogadro수치 (1mol에 담겨있는 물질을 구성하는 입자의 개수) 10의23승까지---동일한 효과가 나타났다. 아보가드로 수치는 물질이 존재하지 않는다는 상태를 나타내므로 물질적 반응기제(reaction element)에서 희석이 배가 될수록 항체는 비례적으로 줄어들거나 효과가 사라져야 하는데 예상치 못한 이 결과는 확인이 필요하였고 이 과정은 250회나 반복되었으며, 특허까지 받은 실험기법으로 검증되었기에 더 이상 의심할 여지가 없었다. 쉽게 이해하자면 20톤 물 탱크차에 인삼 한 방울을 떨어뜨렸더니 인삼 한 방울의 효과가 나타났다는 뜻이다.

From "Water Memory" effects
To "Digital Biology"…

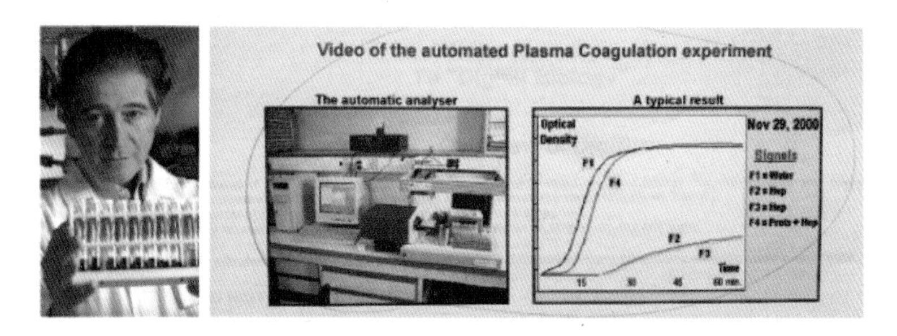

【출처 Dr.J.Benveniste】

그러나 이 발표는 과학계에 큰 반향을 불러일으켜서 프랑스, 이탈리아, 벨지움, 네덜란드 4개 국에서 연구팀이 구성되어 벵베니스트 박사의 실험을 검증하기 위하여 철저한 이중맹검법(Double Blind)으로 실험을 재개하였고 4개국의 연구팀 모두 같은 결과가 확인되었다. 근래에는 노벨물리학상을 수상한 영국 캠브리지 대학교의 조셉슨(Brian Josephson)교수도 벵베니스트 효과를 지지하였는데 이와 관련하여 조셉슨 교수의 기에 대한 관심과 마음과 물질의 통합연구(Mind-Matter Unification Project)는 시사 하는 바가 크다. 마찬가지로 노벨물리학상을 수상한 파울리교수(Wolfgang Pauli-파울리 효과로 유명함)도 양자효과(Quantum Effect)에 의한 파동의 전사를 믿었으며 이러한 초과학적 현상들은 양자역학으로 설명이 가능하지만 동양적 사고에서는 오래 전부터 낯선 영역이 아니었다. 조셉슨 교수의 터널링 효과는 양자는 소립자 상태에서 고유한 파동을 갖고 있다고 하였으므로 벵베니스트 박사의 파동 정보의 전사(통과)와 기저를 같이 이룬다. 결국 벵베니스트 박사 연구는 파동정보에 의한 메커니즘으로 그의 가설은 물질성분은 직접적인 작용보다는 분자물질에서 방사되는 미약한 전자파에 의해 전달되는 약리 물질 정보에 반응하는 것이라고 설명하였고 이를 Digital Biology라고 하였다. 세포의 주체인 핵단백질의 DNA는 단백질 분자 1개가 7만개의 물 분자와 결합하여 둘러싸여(Hydrated) 있으므로 생명을 이해하는데 있어서 DNA와 함께 물의 중요성을 인식하여야 한다. 물은 단지 액체로서의 역할이 아니라 지구상의 물질 중에서 파동정보(Digital information)를 가장 잘 담을 수 있으며 전달할 수 있는 물질이다. 일본의 에모토선생이 실험으로 보여준 파동에 따른 물 분자 형태의 변화에 대한 사진은 이러한 예시를 보여주고 있다. 여기에 소개될 Natural Ein Water는 표현할 수 없는 많은 태고의 파동정보를 갖고 있는 지능정보수(Intelligent Substance Water)이다. 특정한 미네랄을 함유하거나 정보를 담은 물은 플로피 디스크처럼 파동정보를 기억하고 전달한다. 따라서 물질론적인 기능을 바탕으로 발전한 약학에서도 "전자약학"(Electronic Pharmacology)을 연구할 필요성이 대두된다. 이 관점에서는 한의학의 탕제도 뛰어난 처방과 기제라고 할 수 있으며 그 근거를 같이 하고 있다.

3. 아인수

좋은 물을 찾아서

오래 전의 얘기지만 전설 같은 얘기가 있었다. 진시황이 불로초를 찾던 스토리가 아니라 실제 한 노인이 좋은 물을 찾아서 생면부지의 산골마을을 찾아왔다. 이 노인이 찾은 곳은 외지인은 도무지 알 수 없는 깊은 산골마을, 더욱이 우물물도 파먹기 어려운 지역이었으므로 물을 찾아 이곳까지 올 이유가 전혀 없는 곳이었다. 등산로도 없고 굳이 이해하자면 일월산 주변, 산비탈 기슭에 고추농사나 짓던 곳으로 도무지 이해할 수 없는 주변환경은 지금도 그가 왜 물을 찾아 그곳에 왔는지 의아스럽다. 그런데 놀랍게도 여기서 물이 솟아 올랐다. 이 기이한 스토리는 뒷장에 부록으로 첨부되어 있다.

<아인워터의 개발에 얽힌 오래되지 않은 전설>

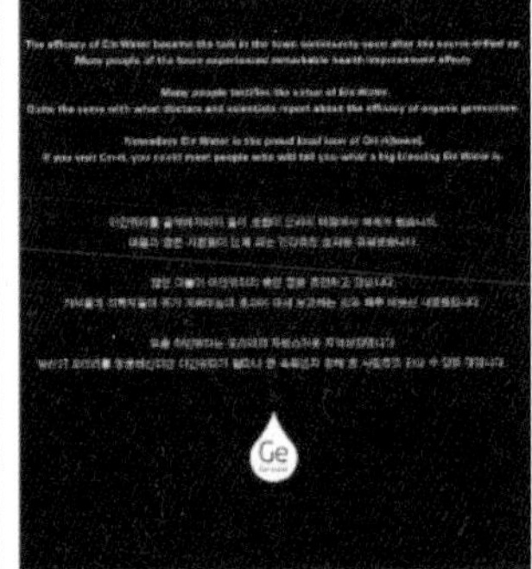

약 20여 년 전, 일본학회에서 한국의 약수와 샘물들을 소개하기 위하여 전국의 은밀한 곳의 자연수 약 20여 곳을 찾아 다닌 적이 있었는데 강원도 인제 내린천 주변 산자락에서 깊숙이 숨겨진 약수를 찾은 적이 있었다. 발견 후 주저앉아 여러 돌 틈에서 흘러내리는 물을 받아 먹었는데 그때 느낀 마음의 가라앉음과 편안한 심신의 안정은 지금도 잊을 수가 없다. 물 맛 또한 어찌나 달고 맛있었는지 한 동안 그 자리를 떠나지 못하였다. 그 후 강릉 정동진 주변 테트라(해변의 삼각형 단애 지형) 분지에서

솟은 1,300미터의 암반수(금진수)를 만났고 바닷물과 같은 짠 맛임에도 불구하고 구토 없이 삼켜지는 특이한 염기평형으로 관심이 집중되어 연구를 하게 되었다. 마침 가톨릭의과대학에서 서울성모병원 윤건호 교수와 함께 만성질환 15개 군을 분류하여 물의 치유가능성 연구에 참여하게 되었고 나는 이것을 FDA 등록 후 아주 비싼 값으로 미국에 수출을 하였다. 그러나 무엇인가 불편하였다. 금진수는 3만 ppm이 넘는 초고도의 경수(Hard Water)인데 마시면 미네랄들을 마치 융단 폭격하듯 체내로 쏟아 부을 수 있다. 이뇨도 바로 일어나고 체험효과도 다양하다. 전문가의 평가는 오행의 균형을 고르게 갖추지 못하였다고 언급하였는데 그 당시는 이 뜻을 잘 몰랐다.

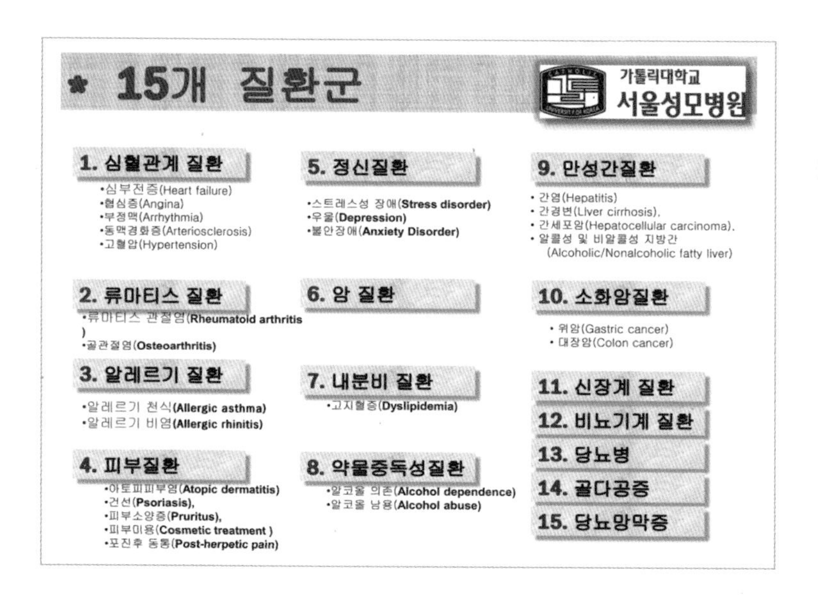

그 이후 여러 곳에서 소문난 물이라고 나에게 연락이 있었으나 시큰둥하였는데 뜻밖에 만난 놀라운 물이 바로 아인수(현재는 상표명)이다. 인제 물 맛처럼 맛이 가벼우면서도 달짝지근하였고 목 넘김이 부드럽고 어떠한 저항도 없었으며 온 몸에 스며드는 침습이 느껴졌다. 태초의 물을 접한 느낌, 그리고 전신의 세포에서 전달하는 뇌의 리프렉션, 마치 내 몸의 코드가 정 방향으로 교정되는 듯 했다. 암은 정상적 DNA code가 decode화될 때 발생한다.

1) 지구상의 원초적 물질들은 태양에서 받은 정보로부터 에너지가 저장되고 그 기능이 부여된다. 예를 들자면 칼슘은 굳히는 정보를 받았으므로 석회석이 되고 뼈가 된다. 반대로 마그네슘은 풀어버리는 정보가 입력되었으므로 효소작용을 펼쳐주고 세포 내 액에 존재하여 세포가 굳지 않도록 방어한다. 이것은 태양으로부터 흡수한 빛 정보(파동)의 스펙트럼에 따라 색채가 부여되는 것과 같은 이치의 역할이다. 무기영양소는 물에 녹으면 이온화되어 형태가 없어지지만 그 기능이 사라지는 것은 아니다. 그러므로 물에 담글 수 있거나, 이미 담겨진 태초의 정보는 사라지지 않으며 무섭다. 이것이 바로 물이 모든 생명현상을 관장할 수 있는 원초적

인 파워이며 정보기억력이다. 아인수는 20만년 전 현생인류(Homo Sapiens)가 출현하기 전에 이미 생성되고 숙성된 원초적인 물이다. 여기에 저장된 파동정보는 치유의 정보이며 그 당시에는 어떤 합성물질과 화학물질이 존재하지 않았으므로 독성물질의 정보 또한 입력되지 않았다. 이미 이러한 나쁜 정보를 접수한 수돗물과 지표수를 비교해 보면 그 차별성을 쉽게 이해할 수 있을 것이다. 아인수는 오염이 없던 지구환경에서 치유효과가 있는 온갖 자연생물로부터 스며든 정보가 저장되고 지열에 의하여 숙성되어 오랜 세월 암반 속에서 보존되어 온 태초의 수액이다. 성경에 인류가 7~8백 년을 살았다고 기록되어 있고 Noah가 마시고, 우리민족의 8,300년 전 시원을 밝힌 위대한 고서 환단고기에도 기록되어 있는 7~8백 년 수명 또한 그 당시에 마신 물들은 지반 암반층에서 분출된 태초의 물이 틀림없다고 여겨진다.

2) 물 활성의 키워드는 온도와 운동형태이다. 아인수는 지구 빙하기(Glacial Age)와 간빙기(Interglacial)를 거친 물이다. 이 과정에서 동식물의 유기체가 퇴적되어 유기화 미네랄로서 킬레이트 미네랄(Chelate Mineral)이 구성되었다.

또한 무기미네랄로서 희토류 금속이온 외에도 친수성 콜로이드 미네랄(Colloid Mineral)은 물의 극성을 좋게 한다. 이러한 조건은 지구자장의 영향을 받아서 Vortex 운동과 미세한 전류의 흐름으로 전자기적 이온활성이 높아졌다. 아인수의 클러스터 크기(물 분자 덩어리)를 핵자기공명장치 NMR(Nuclear Magnetic Resonance)로 측정하여 보면 그 크기가(Hz) 매우 작으므로 활성이 높다는 것을 알 수 있다.

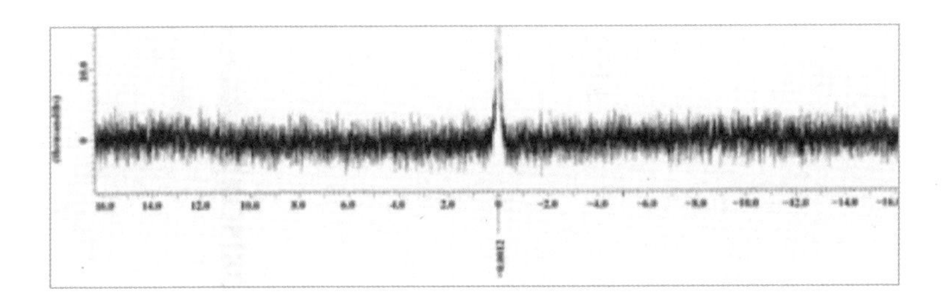

3) 지층의 구조, 그리고 지기가 물에 반응하는 메커니즘은 피라미드 형상의 통로와 수류(Vortex Motion)를 거쳐 지표면으로 물이 솟구치는 나선운동으로 에너지의 증폭이 일어나며 물리적, 자기적 영역에서 물질과 진동의 형태로 정보를 전달할 수 있다. 이러한 파동정보와 에너지가 우리 몸에 흡수되면 공명 현상으로 자연의 기 에너지가 몸 속으로, 즉

세포레벨에서 충전된다.

4) 아인수가 솟는 일월산은 백두대간에서 분지한 낙동정맥으로 중생대 백악기 지각변동으로 규소를 많이 포함하고 있는 사암과 역질 사암의 특징을 보여준다. 또한 풍화와 침식으로 부근의 절벽이 마치 시루떡처럼 변성암류로 짜여져 있으며 개울 밑에는 칠보석의 부산물인 자갈들이 파편처럼 아름답게 깔려있다. 이러한 특징은 칠보석이라는 독특한 염기성 조암광물이 굳어져서 세계적인 명성으로 산출되는데 그 아름다움을 떠나서 7가지 광물의 색채는 각각의 독특한 파동정보를 갖고 있으므로 고유의 기 에너지를 방사할 수 있다.

5) 생육광선으로 일컬어지는 원적외선(Far Infrared Ray)은 같은 계열의 광물보다 수 백배 높다고 하고 FIR이 흡장된 아인수는 마시기만 하여도 체열의 상승은 물론 원적외선 사우나 효과처럼 세포의 분자운동을 깊숙이 활성화 시킨다. (Enhancement Effect of Metabolism Stimulating)

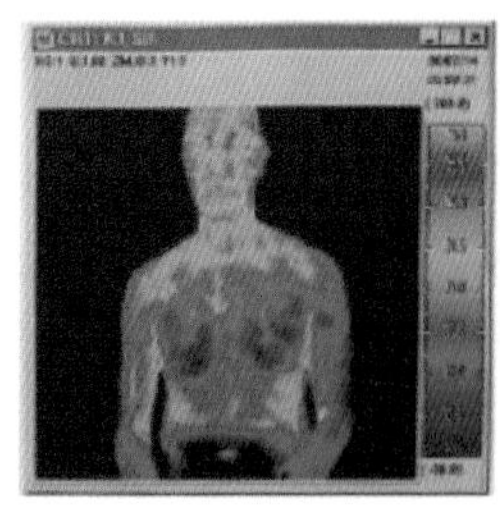

<마시기 전>

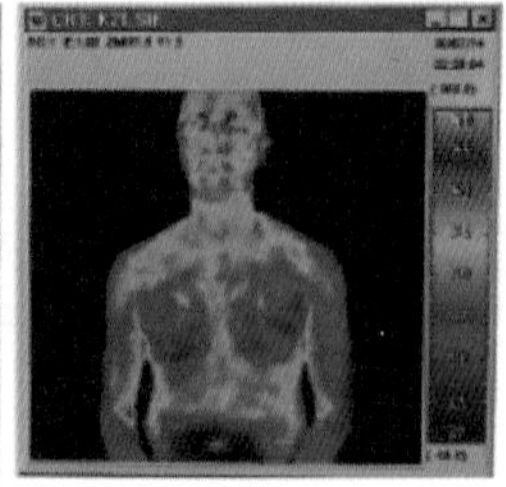

<마신 후 3분 경과>

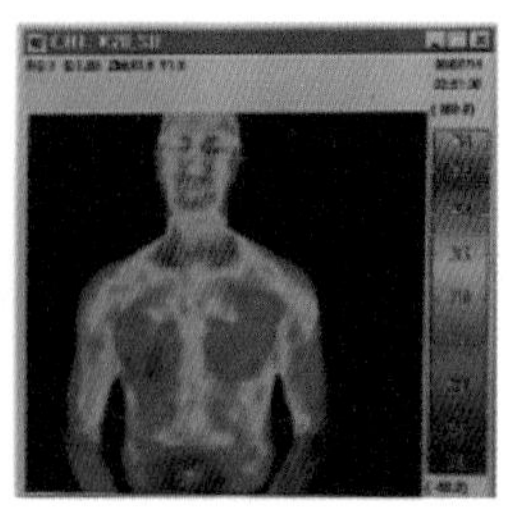

<30분 경과>

【기능수 섭취가 인체에 미치는 효과】

FIR4~14um의 파장은 물 분자를 강력한 여기상태(에너지 준위가 상승한 상태)로 만듦으로 물 분자 덩어리의 긴 체인이 절단되어 클러스터의 축소화와 결정구조형태가 일어난다. 물의 클러스터(물 분자 덩어리)가 작아지면 비중이 무겁게 되어 세포막에 물이 단단히 부착된다. 이것은 세포에 장력이 생겨 세포막 속으로 물의 침투력이 증가하고 식품은 선도유지가 좋아지는 효과가 있다.

아래의 사진은 3가지 물의 결정구조를 연세대학교 의과대학 연구실에서 직접 찍어본 사진이다. 26일 동안 총 312개의 샘플을 실험하였는데 전기전도도(EC)가 높은 경우 정제수로 희석하여 조건을 맞추었다. 대별하자면 2가지 패턴으로 나타나는데 6

각 판형과 6각 별형이 대표적이다. 예를 들어 에비앙 워터는 결합성이 좋고 금진수는 분해의 특성이 높지만 아인수는 6각수의 크리스탈 결정구조 특성을 보여준다. 그러나 증류수는 형태가 모호하다.

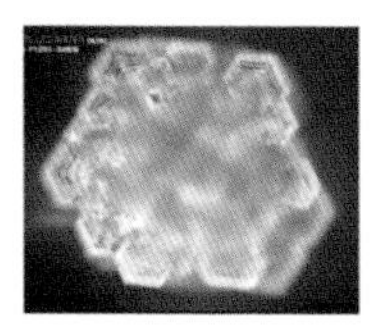
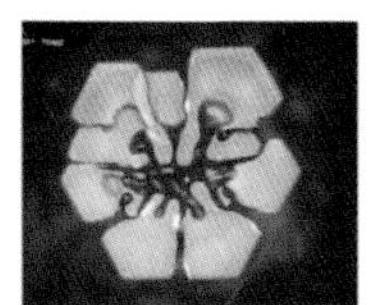
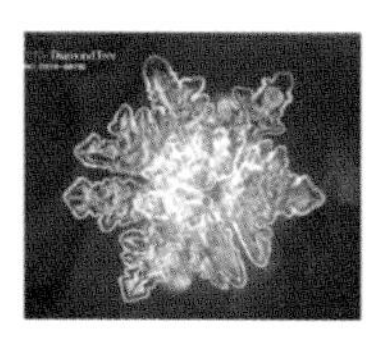
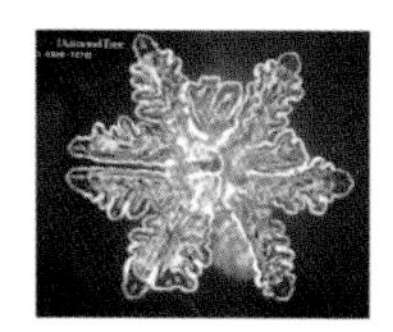

아인수의 효능효과

아인수가 신체에 나타나는 효능효과는 수많은 사람들의 증언을 통하여 알 수 있다. 따라서 과학적인 단서와 임상적 과정이 요구된다.

1) 우선 근거가 될만한 실험과 분석들은 아래와 같이 진행되었다.

① 연세대의대 산합협력단 연구보고서

② 명지대 생체효능 검증센터 연구보고서

③ 거산 물과학연구소 실험보고서

④ 한국지질자원연구원 시험성적서

⑤ 독일 레요네스 파동기술사 칠보석 시험성적서

⑥ 우석생명과학원 수질검사성적서

⑦ FITI 시험연구원 시험성적서

⑧ 경상북도 보건환경연구원 시험성적서

⑨ 중국검과원 시험검사보고서

⑩ 일본 후생성지정 검사센터 시험검사성적서

⑪ 서울대학교 농업 생명과학대학 시험성적서

2) 가장 주목 받는 지표적 관점은 미네랄, 특히 칼슘과 마그네슘의 경도비가 매우 낮음에도 불구하고 왜 아인수의 pH레벨이 높은 알칼리성(8.3~8.4)을 띠는가이다. 자연환경에서 일반적인 물의 pH변화 범위는 6.0~8.0이고 공기중의 이산화탄소는 pH값을 산성으로 떨어뜨리므로 알칼리성의 유지는 쉽지 않다. 이것은 한국의 유명 약수들을 살펴보았지만 높은 경도에도 불구하고 pH레벨이 8.0을 넘지 못하였다. 물 속에서 pH레벨을 알칼리성으로 높여주는 대표적인 물질로 수산화나트륨(NaOH)과 탄산나트륨(Na2CO3), 소석회[Ca(OH)2] 등을 의심해 볼 수 있지만 이러한 성분들은

아인수에 없으며 물 맛을 해치고 침전된다. 아인수가 8.4의 천연 알칼리성을 띠고 있다는 사실은 탄산, 인산, 황화수소, 황산, 질산 등과 같은 유기산의 유입이 전혀 없다는 사실이다. 이것은 곧 아인수의 청정함을 뜻하며 몇 년을 방치하여도 썩지 않는 이유이기도 하다. 아인수는 지반에서 오랜 시간 천연물질이 분해되면서 중탄산(Bicarbonate)이 생성되어 pH가 최적의 알칼리수로 바뀌었고 이것은 인체의 소화과정에서 산성화된 영양물을 소장에서 혈액으로 흡수하기 전에 담즙에서 분비되는 중탄산이 산성을 중화시키는 작용과 같은 이치인데 아인수의 풍부한 중탄산 함유량의 측정값은 놀라웠다.

3) 아인수의 메커니즘

한편으로 아인수를 천연 알칼리수로 유지시켜주고 있는 비밀은? 그리고 왜 변성이 없을까…! 나의 의문과 고민은 오랫동안 계속되다가 불현듯 귀결되었다. pH수치의 증가 또한 전리작용에 의한 수산이온(OH-)의 증가이며 과학적으로 증명된다. 이것은 땅 속 회전운동 수류에 의하여 발생되는 전기적 물 분자의 해리(Dissociation)와 미네랄이온의 전리(Electrolytic Dissociation), 즉 전자의 교환이 발생되고 있다는 귀결이었다. 이 기전의 중요성은 아인수에 흡장 된 원적외선이 물의 알칼리도를 상승시키는 시너지를 일으키므로 아인수는 알칼리성 6각수로서 물 분자 클러스터가 작게 측정되는 의문도 풀렸다. (아인수에는 물 분자 덩어리를 작게 나눌 수 있는 토류 금속 이온들의 농도가 낮다.) 한마디로 아인수의 지반은 대지가 일으키는 거대한 전기분해 이온수기인 것이다. 즉 물을 전기분해 하면 OH-가 증가하여 pH가 상승한다. 이 독특한 암반의 구조와 나선운동 메커니즘은 지하 대수층에 있는 알칼리류 암석들의 강한 환원력과 분출구조의 회오리운동에 의하여 자연적 전기분해가 발생하므로 그 엄청난 기전력의 가치를 계량할 수가 없다. 나는 일찍이 지표면에 흐르는 물조차 깊은 계곡에서 소용돌이 칠 때 보텍스 모션(Vortex Motion)에 의한 그 활력의 힘을 알고 있었다.

4) 아인수의 기대효과

(1) 물 속에는 수소분자보다는 산소분자가 많기 때문에 물질을 부패시키거나 산화시킨다. 물 속에 금속류를 넣어 보면 쇠가 녹스는 현상으로 쉽게 알 수 있다. 이것을 산화력이라고 하는데 인체는 산화과정을 통하여 영양을

섭취하고 에너지를 얻지만 반대로 노화도 재촉하게 된다. 아인수에 금속류를 담가보면 녹이 슬지 않는다. 즉, 아인수는 항산화력이 있다는 얘기이다. 이 비밀은 아인수가 일반물과 비교하여 직접적인 요인은 함유된 규소(Si-)에 있다. 규소는 스스로의 강력한 항산화 능력으로 산소를 빼앗아 버리므로 주변물질을 산화시킬 여력이 없다. 또한 규소는 활성산소의 불안정한 전자(e-)와 결합하여 무해한 산소로 바꾸므로 활성산소가 대량으로 발생하는 미토콘드리아(Mitochondria)에서 킬러역할을 하며 암세포의 전이를 막는다. 규소는 쉽게 산화되지 않는 물질이므로 우리 인체의 심장, 혈관, 장의 폐막, 폐, 뇌, 간, 피부 등 필수적인 소재이며 상처받은 세포와 혈관을 재생, 복구하여 상처치유와 피부조직에 효과가 아주 뛰어나다. 아토피 피부의 경우는 말초혈관을 재생시키고 강한 보습력으로 피부건조를 막는다. 아인수에 녹아있는 수용성 규소이온은 수소결합을 컨트롤하여 몸에 잘 흡수되므로 심지어 뼈 부상에도 탁월한 접착능력이 있다.

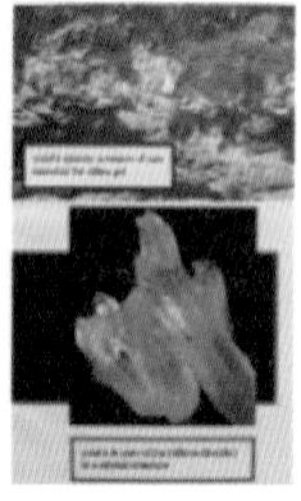
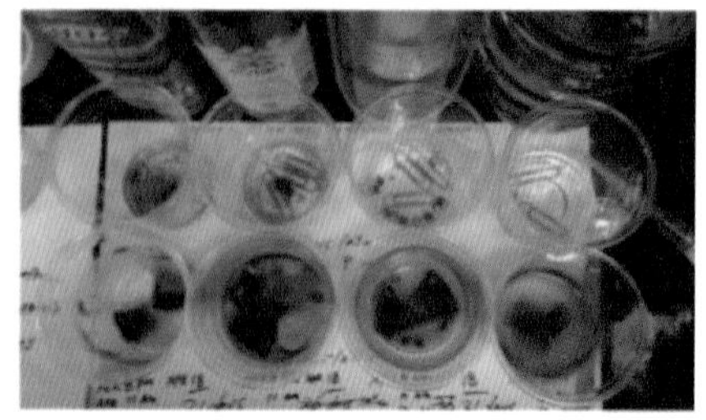

(2) 체질개선은 혈액의 불순물의 농도를 바꾸어 주는 것이 가장 빠른 길이다. 알칼리수는 혈액의 산성화 노폐물을 배출시켜 혈액을 맑게 청소하므로 혈액의 정상적 pH레벨 7.4보다 한 단계 높은 8.4의 아인수는 신장의 부담을 줄여주고 혈액순환과 호르몬의 분비를 촉진하며 혈구의 뭉침을 예방한다. 아토피 피부염은 유전적인 원인, 피부장벽기능 장애, 면역기능 장애와 환경적 요인이 복합적인 상호작용의 결과로 발병한다. 유아와 성인 모두에게 영향을 미치는 만성 재발성 염증성 피부질환으로 매우 심한 가려움증을 동반할 뿐만 아니라 삶의 질을 저하시키고 주변 가족들에게도 고통을 주고 있다. 치료방법은 최근에 화학적, 약물적 치료보다 안전성이 높고 부작용이 적은 천연성분의 제품들을 찾고 있는데 지금까지 아인수를 통한 아토피의 치료효과들은 매우 놀랍다.

특히 아토피의 경우에는 짜게 먹거나 산성수의 음용, 가공식품의 첨가물 등으로 이물질이 침습되면 혈액의 점도가 높아지고 히스타민이 과다하게 분비되어 수분부족이 일어나며 자가 공격이 일어나는 면역질환이다. 따라서 식습관의 개선과 혈액 청소가 중요하므로 알칼리수의 음용이 필수적이다. 아토피와 식습관을 설명하는 이유는 몸 속에 변질된 나쁜 지방, 즉 과산화지질이 많아지면 알데히드기(Aldehyde-산소가 결합한 산화물)가 각질층 보습기능을 파괴하므로 피부가 급속히 건조해지고 염증의 발증이 악화된다. 그러므로 충분히 물을 마셔야 한다. 또한 얇게 위축되는 피부세포의 재생을 위하여 섬유아세포(Fibroblast)를 증식시켜야 하므로 규소이온이 포함된 아인수를 피부에 도포하면 개선효과가 더욱 직접적이다.

(3) 아인수의 특징 중에 주목해야 할 희귀미네랄(Trace Mineral)이 포함되어 있다. 일반물뿐만 아니라 유명한 약수성분에서도 발견하기 어려운 게르마늄(Germanium)과 셀레늄(Selenium), 스트론튬(Strontium)이다. 이 금속원소들은 독특한 작용들을 하

는데 게르마늄과 셀레늄은 ppb단위의 극 미량 원소로 존재하므로 더욱 희귀하다. 게르마늄이 유명해진 시초는 기적의 샘물로 불리는 프랑스 루르드샘물의 치유효과가 노벨상 수상자인 카렐(Carrel)박사에 의하여 게르마늄의 효과라고 발표되었다. 게르마늄은 금속과 비금속의 특징을 동시에 가지고 있으며 면역증강, 통증완화, 세포의 산소공급, 자유라디칼의 제거, 특히 바이러스성 질병감염과 인터페론 유도, 대식세포와 NK세포의 활성에 대한 효과가 보고되었다. 그러나 이러한 효능은 유기 게르마늄의 효과로 판단되어 물 속의 수용성 게르마늄은 경계가 모호하고 연구가 부족하다. 가설을 덧붙인다면 장내의 미생물에 의하여 유기형태로 전환되어 무독화되고 효과가 나타나지 않을까 생각된다. 셀레늄의 경우는 토양과 사료로도 무기질 형태로 이용되고 있는데 사스(SARS)가 유행하였을 때 셀레늄 농도가 높은 지역의 조류 사망률이 매우 낮아져있는 감염분포도를 관심있게 본적이 있었다. 셀레늄은 WHO로부터 필수미량영양소로 공식인정을 받아 건강보조제로 판매되고 있고 강력한 항산화제로 인식되어 세포막의 산화적 스트레스와 손상방지, 특히 암과 관련하여서는 암 억제 유전자

(Cancer Supperessor Gene)의 활성을 유도함으로써 발병원인을 감소시킨다는 연구결과가 미국 인디아나 대학의 과학자들에게 의해 발표되기도 하였다. 그리고 셀레늄의 경우는 유기와 무기의 경계가 모호하지 않고 체내에 흡수되면 아셀렌산염(H2Se)상태로 이용되고 배출된다. 스트론튬은 화학적 구조에서 칼슘과 유사하고 적절한 뼈 성장과 충치예방에 효과가 좋으며 아인수에는 미량원소로서 비교적 풍부히 들어있다.

연구과제

인체세포 60조는 물에 잠겨있고 인체는 물과 단백질로 이루어져 혈관계, 림프계, 신경계가 거미줄처럼 퍼져있는 통합적 네트워크 시스템이다. 그러므로 한두 가지 질병현상으로 원인을 찾아내고 단기적 증상에 따라 약물을 투여하기에는 한계가 있다고 보여진다. 물을 생명체 사이의 연결고리이며 모든 순환 시스템의 요체이다. 따라서 세포레벨에서 물 환경 개선이 어떠한 단서를 주는지 연구되어야 할 것이다. 물 속에서 광물질들이 콜로이드 상태에서 어떠한 역할을 하는지, 어떻게 구성되어 있는지도 밝혀야 하고 아직 주류의학이 다루지 않는 세포의 음양설

(Redox의학)을 설명하고 증명할 수 있어야 한다. (본 Redox의학을 주창하던 오하이오 의과대학의 Dr. HA는 유명을 달리하였다.) 일반적으로 세포막의 전위차와 극성은 측정할 수 있는데 세포는 음양선상에 따라 외부자극에 달라지므로 암세포는 양의 기운(+)이 넘쳐나는(Oxidation) 세포로 미친 듯이 스스로의 세포분열을 통하여 복제를 하므로 이것을 음의 기운으로 대체하면(Reduction) 왜 뜻밖의 결과가 나타나는지 그 메커니즘을 밝힐 수 있어야 한다. 따라서 아인수의 이러한 산화환원 조절능력을 밝히는 것은 매우 중요한 과제이다. 한편 아인수에서 아직 연구에 접근하지 못하고 있는 휴믹산(Humic Acid)은 매우 흥미로운 과제이다. 아인수는 고대 식물의 잔재물이 수천만 년 동안의 분해과정을 거쳐서 퇴적되었으므로 각종 미량원소와 유기성분들이 휴믹화 되어있고 이러한 성분들을 물 속에서 산삼과도 같은 영양소로서 인체에 적용될 것이다. 나의 개인적인 생각으로는 단지 물일 뿐인데 아인수의 이해하기 어려운 치료적 효과들은 여기에도 단서가 있지 않을까 짐작된다. 최근에 Science지에 발표된 연구는 세포의 활성산소 농도변화가 세포의 생사를 가르는 지표로써 농도가 낮을 때는 세포증식에 관여하는 ERK 단백질이 활성화되고 활성산소 농도가 높아지면 세포사멸에 관여하는 JNK 단백질이 활성화된다는 세포반응원리이다. 노화와 암을

극복하기 위한 본 연구의 KAIST 조광현 교수와 생명공학연구원의 권기선 박사는 세계적인 주목을 받았고 신호전달기전으로 활성산소가 산화환원신호의 매개체임을 밝혔다. 그렇다면 아인수의 활성산소 농도의 억제효과도 연구의 필요성이 대두된다. 아울러 아인수에 포함된 희토류 원소인 게르마늄과 셀레늄의 형태와 역할에 대한 실험분석(Experimental Analysis)도 필요하다.

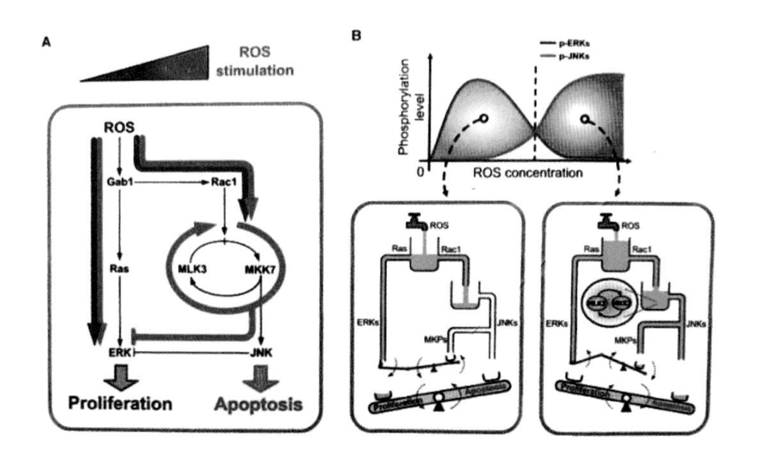

【출처: 사느냐 죽느냐, 활성산소에 대한 세포반응 기전규명 Science Signaling, AAAS, 조광현, 권기선 2014】

마지막으로 몸 속의 방해적 파동패턴이 아인수를 마시면 어떻게 정상적인 공명자장으로 바뀔 수 있는지 살펴보아야 한다. 건강한 파동의 패턴이 어떤 이유로 교란되면 원자 → 분자 → 세포

→ 조직 → 기관의 정상적인 정보교환에 Error가 발생하여 생화학적 이상과 생체 변화가 나타날 수 있으므로 요즘 빠르게 발달하고 있는 핵 의학(Nuclear Medicine)을 통하여 신체의 병소에서 나타나는 변화를 추적할 수 있을 것이다. 핵 의학의 기본원리는 신체구성성분의 역동학적 상태(Dynamic State)의 변화를 측정하는 진단의학으로 아인수의 효과는 핵 의학의 발달과 함께 의미 있는 추적과 연구가 될 것이다.

맺음말

현대의학은 물질적 차원만 다루는 것이 아니라 미래의학적으로 접근을 하고 있다. 통상요법(Conventional Treatment)에서 비통상적요법(Unconventional Treatment)으로 균형과 보완을 찾고 있으며 대표적으로 통합의학(Integrative Medicine)이 그 중의 하나이다. 즉 인체의 자연치유력을 높이고 면역력 증진을 통하여 질병을 예방하고 치유하는 것이다. 물과 관련하여서는 물의 기능성에 대한 과학화가 필요하고 좋은 물의 선택은 필수적이라고 하겠다. 단지 깨끗하다는 순수한 물은 부족함이 있으므로 필름이 들어있지 않은 카메라 셔터를 열심히 찍는 것과 같이 화학적 구조만 물일 뿐이다. 여기에 소개된 아인수는 한마디로 치유 정보가 입력된 파동수이다. 그렇지 않다면 체험을 통하여 나타난 효능들을 도무지 설명할 길이 없다. 시중에는 많은 먹는 샘물들이 있지만 pH의 차별성과 함께 아인수의 효능효과에 대한 특징들이 맞서 지지 않는다. 일직선상의 수십km 수도관을 흐르는 수돗물은 물의 활성이 결여되어 물의 고유한 특성이 사라진 물이다. 오래 전에 영주부석사 아래의 사과농장을 잊을 수가 없다. 부석사에서 내려오는 길에 모차르트의 클래식 선율이 과수원 스피커에 흐르고 있었다. 깜짝 놀라 물으니 농부는 음악을 들려주면 사과의 육질이 좋아지고 병충해에도 강해지며 당도가 올라간다고 하였다. 나는 파동과 수분의 공명 메커니즘을 알아차렸으나 농장주의 경험적 혜안에 말문이 닫혀 버렸다. 에너지 파동은 형태를 만들고 고유한 정보를 전달하므로 아인수는 건강한 조직을 이루었던 형태를 재구성 시키고 변형된 정보를 교정하여 재부팅 시킨다. 혈관의 터널형태는 혈액흐름의 마찰력을 최소화하고 회전동력을 얻기 위해서이다. 심장의 펌프 압력만으로는 발끝 말초혈관까지 도달한 혈액을 끌어 올릴 수 없기 때문이다. 이와 같이 형태는 고유한 목적과 기능을 갖고 있으므로 예를 들어 정형외과의 처치(Treatment)는 형태를 바로 잡음으로서 손상을 치료한다. 그러나 세포레벨에서 비뚤어진 형태는 바로 잡을 수가 없다. 우리 몸도 조직도 각기 형태에 따라 분자레벨에서 역할이 있다. 그러므로 미세한 형태의 변화가 몸의 정교한 조화를 방해하여 부조화가 지속되어 나타난 결과 중의 하나가 질병이다. 현대의학과 한의학의 치료도 궁극적으로는 교정에 의한 회복에 있다고 할 수 있다. 물을 마시는 것은 단순히 수분공급이 아니다. 건강유지와 생명활력을 위한 주요한 수단이므로 다음과 같은 특징들이 중요하다.

- 물 맛이 좋다.
- 금속이온과 미네랄 성분을 함유하고 알칼리성을 띄고 있다.
- 물 분자 군집(Cluster)이 작다.
- 활성산소를 제거하고 산화력을 억제할 수 있는 환원력이 있다.
- 좋은 기운(파동에너지)을 담고 있다.

이러한 다섯 가지 조건을 갖춘 물은 음양(산화와 환원)의 조화와 오행(다섯 가지 기운)의 상생을 교섭하므로 앞서의 전문가 언급이 비로소 맞닿았다. 어려운 여건에서도 아인수를 지키고 있는 최성환 회장의 노력도 각별하다. 아인수가 갖고 있는 파동에너지는 고장 난 시계를 고치듯이 생체를 교정하고 천연 알칼리성의 수액이 온 몸을 채워줄 것이다.

【출처 한국영양학회】

참고문헌

| 참 | 고 | 문 | 헌 |

- 방건웅 “에너지의학과 미약전자기 파동” 한국표준과학연구원 응용미약자기 에너지학회 Vol.6, No.1, 2008
- 박무현 “물의 과학화 및 제품화 동향” 과학기술부, 한국과학기술정보연구원, 2005
- 김길호 “천연암반수의 건강의학적 효능연구” 충북대학교 대학원 식품생명공학부, 2015
- Ki-Sun Kwon, Kwang-hyun Cho “MLK3 Is Part of a Feedback Mechanism That Regulates Different Cellular Responses to Reactive Oxygen Species” Science Signaling7, 2014
- 이중효, etc “일월산 산림식생의 종구 성적 특성” 경북대학교 임학과, 상주대학교 산림환경자원학과, 2006
- 양영철 “셀레늄” 한독생의학학회, 2005

- 이시형, 선재광 “강력한 규소의 힘과 그 의학적 활용” 행복에너지, 2020
- 김길호 “한국샘물과 음용수 비교” 한일주거생활환경 의학회, 2002
- Yang OH and Gil Ho Kim “Miracle Molecular Structure of Water” Dorrance Publishing Inc.USA, 2002
- F.Batmanghelidj,M.D. “Your Body's many Cries for Water” www.watercure.com
- F.Batmanghelidj,M.D. “물, 치료의 핵심이다” 물병자리, 2004
- F.Batmanghelidj,M.D. “신비한 물 치료 건강법” 중앙생활사, 2014
- 한충수 “기능수 섭취가 인체에 미치는 효과” 충북대학교 바이오씨스템공학과, 2009
- 주기환 “알고 마시는 물” 배문사, 2008
- Vorwort von Prof.Maximilian Gege “Jungbrunnen Wasser” German, 2011
- 송종섭 “미네랄대학” 두원 출판사, 2010
- 이충웅 “한반도에 기가 모이고 있다” 집문당, 1997
- Klaus kaufmann “Silica The Amazing Gel” alive books, CANADA, 1993

- "과학기술을 통한 우리나라 좋은물의 가치 고도화" 미래창조과학부, 한국지질자원연구원, 2018
- 이승남 "물로 10년 더 건강하게 사는 법" 리스컴, 2008
- 김길호 "Water Psysiology" Edition 134, Edition138, 2019
- 백대현, etc "게르마늄 강화효모의 마우스에서의 암세포 억제 및 대식세포, NK세포, B세포의 활성화에 관한 연구" 게란티 제약 중앙연구소, 충북대학교 수의과대학, 2007
- 김길호 "포도 씨 추출물의 기능성 성분과 항 아토피 효과" 충북대학교 대학원, 2020

| 부 | 록 |

아인수 이야기

아인워터의 전설

아인워터의 개발에 얽힌 오래되지 않은 전설

"**아인워터**는 신의 환상을 본 한 사람으로
말미암아 1억 7천만 년의 세월 동안
칠보석 속에서 숙성된 물이
세상 밖으로 모습을 들어내게 되었습니다."

신비의 물(일월산聖水)에 대한 이야기

(전)영양군문화원장 **천필영**

일월산은 경북의 영산으로서 해발 1,219m의 높은 산이면서도 외형은 기암괴석이나 절경폭포 같은 곳이 별로 없는 부드럽고 순하여 무속인들은 이 산을 여인상의 산이라 부르기도 하며 어머니 품속마냥 아늑하고 편안함을 느끼게 해주는 곳이기도 하다. 각종 희귀한 산채(山菜)와 약초가 풍부(豊富)하여 지역 특산품(特産品)으로 명성(名聲)이 높아 매년 5월 중순에 산나물 축제를 열기도 한다. 그리고 아연과 철광석과 금광도 개발되어 한때 용화2리에 500여 호 광산촌이 있었으나 이제는 그 흔적만 남아 있으며 그곳에 야생화 공원을 조성하여 관광객이 많이 찾는 곳이기도 하다. 1999년 6월경 일월면 도곡리에는 온천수가 개발되어 공사가 이루어질 때 이 온천과 관련된 듯한 충북 진천인 윤모씨도 도곡까지 다녀갔는데 본인과 인사를 나눈 적이 있다. 어느 날 윤씨가 본인의 사무실 문화원을 찾아 왔다. "원장님 나와 같이 꼭 가볼 곳이 있는데 시간을 좀 내어 주실 수 있습니까?"라고 정중히 말씀하기에 함께 가기로 하고 자기 차에 함께 타고 가게 되었다. 윤씨는 오리리 왕바위 골 앞에 세우더니 산기슭 경사진 밭을 가리키며 "이 밭을 구입할 수 있도록 원장님이 좀 도와주십시오"라고 하기에 의아해 하면서 무엇에 쓰려고 이 밭을 사려고 하느냐고 물은 즉 "본인은 진천에서 살며 천주교를 다니는데 지하수를 개발하고 있습니다. 어느 날 하나님께서 계시가 있었는데 이곳에 세계에서 가장 좋은 샘물이 나오니 개발하여 병마에 시달리는 많은 환자들의 병을 고쳐주라는 계시를 받았기에 이 밭을 꼭 구입해야겠습니다."라고 하는 것이다. 이것저것 따지지 않고 군 지적계에 문의하여 밭 지번과 소유자를 찾았는데 소유자는 울산으로 이사한 김모씨라기에 오리주민에게 수소문하여 전화번호를 알게 되었다. 김모씨에게 전화를 했더니 마침 아는 사람이라 이전 수속을 끝내고, 며칠 지난 후 윤씨가 찾아와서 지하수 개발업자를 소개해달라기에 당시 군내 지하수 개발을 많이 하고 있는 임사장을 불러 부탁했더니 오리리에는 지하수 전체가 석회암지대여서 음료로는 부적합할 뿐만 아니라 그 지대는 지하수가 나오지 않는다고 공사를 거절하는 것이었다. 그러자 윤씨는 물이 나오지 않아도 지하 160M까지 파주면 돈을 줄 터이니 공사를 해 달라는 것이었다. 그러면 그 보증을 원장이 해주셔야 한다기에 내가 책임져 주겠다고 약속했다. 그 후 임사장이 지하수 개발기구를 밭 중심지에 옮겨 놓았는데 윤씨는 그곳은 물 한 방울 나지 않으니 자기가 지정하는 곳 밭 귀사리로 옮겨 파라는 것이다. 육중한 기구를 인력으로 이동시키느라 애로가 많았지만 지정한 곳으로 이동시켰다. 그 후 공사는 시작되었고 본인은 몸이 아파서 부천 세종병원에 입원하여 한쪽 간을 절제하고 위문 협착증으로 수술을 받고 있는데 매일같이 작업량을 전화로 연락하더니 하루는 지하 160m까지 도달했는데 예상 그대로 지하수가 용솟음쳐 오른다는 것이었다. 그 후 본인이 퇴원하여 귀가하는 데 몸이 극도로 쇠약하여 집에 도착하니 이미 해가 지고 어두운데 기다리던 윤씨가 오리리의 샘물을 받아와서 오늘부터 이 물을 상용하라면서 "기적이 일어날 수도 있습니다."라고 하기에 어렵지 않은 일이라 매일 이 샘물로 음용하였더니 기적같이 회복이 빠르고 원기가 돌아와서 일상생활을 불편없이 할 수 있었다. 자연으로 넘쳐 흐르는 일월산 샘물이 병을 치유한다는 소문이 퍼지면서 전국으로부터 매일 수 백대의 자동차가 모여들어 무상으로 10년 가까운 세월… 이 물로 사람의 병을 치유해 주었다. 세계보건기구(WHO)의 발표에 의하면 인체의 80%이상을 차지한 물의 중요성을 강조하면서 좋은 물만 먹어도 인체에 있는 병의 80%를 치유(治癒)한다는 발표는 있었고 세계적으로 유명한 불란서의 루르드의 성수는 천연 게르마늄이 포함되어 만병을 치유한다는 보도를 KBS '생로병사의 비밀'의

프로에 방영하는 것을 보았다. 일월산 샘물도 국내외에서 분석한 결과 천연 게르마늄이 불란서 '루르드'의 성수보다 많다는 독일의 분석 결과자료도 있다. 필자도 10여 년간 이 물을 음용하고 있으며 기적 같은 일은 수십 년간 지병으로 고생하던 기관지 천식이 이 물을 먹은 후 나도 모르게 치유되었다. 천식이란 알레르기성이어서 매년 8월 중순에서 9월 중순까지 한 달 간은 백약이 무효하더니 나도 모르게 오리리 샘물을 먹고 기적같이 치유되었다. 아마도 이 샘물로 체질이 개선되지 않았겠나 생각된다. 또한 축농증과 치질도 있어 언젠가는 수술해야겠다고 각오하고 있었는데 나도 모르는 사이에 사라지고 말았다. 필자가 공직에 있을 때는 물을 먹고 병을 치유했다는 말을 할 수가 없었다. 그러나 지금은 자유인이니까 신비의 샘물 일월산의 성수가 자랑스럽고 신비로워 훗날 일월산 샘물 개발에 대한 이야기가 어떻게 기록될지 몰라 개발에 직간접 참여한 증인으로 정통한 이야기 한편을 전설로 남긴다. 일월을 중심으로 많은 전설이 기록되어 있고 또한 앞으로 어떤 기적이 일어날지 거대한 품속에 안겨진 비밀에 기대하는 바가 크다.

- 영양문화원 발행 (영양문화 18호) -

WATER PHYSIOLOGY
생명의 근원, 물을 알면 길이 보인다
김길호 박사의 **물** 이야기

초판인쇄 2022년 06월 23일 **초판발행** 2022년 06월 30일

지은이 **김길호**
펴낸이 **이혜숙** 펴낸곳 **신세림출판사**
등록일 1991년 12월 24일 제2-1298호

04559 서울특별시 중구 퇴계로49길 14,
충무로엘크루메트로시티2차 1동 720호
전화 02-2264-1972 팩스 02-2264-1973
E-mail : shinselim72@hanmail.net

정가 20,000원

ISBN 978-89-5800-250-5, 03480